孩子你知道吗？

儿童安全急救
百科全书

图书在版编目（CIP）数据

孩子你知道吗？：儿童安全急救百科全书 / (意)雷纳托·维塔利著；(意)弗兰卡·维塔利·卡佩罗绘;吕竞男译.—长沙:湖南少年儿童出版社,2018.10 (2020.7重印)

ISBN 978-7-5562-4127-9

Ⅰ.①孩… Ⅱ.①雷… ②弗… ③吕… Ⅲ.①安全教育－儿童读物②急救－儿童读物

Ⅳ.①X956-49②R459.7-49

中国版本图书馆CIP数据核字(2018)第219952号

孩子你知道吗？ HAIZI NI ZHIDAO MA？
——儿童安全急救百科全书 ——ERTONG ANQUAN JIJIU BAIKE QUANSHU

策划编辑：周　霞　　　　质量总监：阳　梅
责任编辑：罗晓银　　　封面设计：进　子　　　版式设计：嘉伟工作室

出版人：胡　坚
出版发行：湖南少年儿童出版社
地址：湖南长沙市晚报大道89号　　　邮编：410016
电话：0731-82196340（销售部）　　82196313（总编室）
传真：0731-82199308（销售部）　　82196330（综合管理部）
经销：新华书店
常年法律顾问：北京市长安律师事务所长沙分所　张晓军律师
印制：深圳当纳利印刷有限公司
开本：889 mm×1194 mm　1/16
印张：10
版次：2018年10月第1版
印次：2020年7月第6次印刷
书号：ISBN 978-7-5562-4127-9
定价：68.00元

FAI ATTENZIONE, PIETRO!

L'opera è stata realizzata
dalla redazione dell'Editrice VELAR.
L'Editore l'ha diretta personalmente.
Con la collaborazione di:

Testi: Renato Vitali
Disegni: Franca Vitali Capello
Impaginazione: Augusto Maraffa

孩子你知道吗？

儿童安全急救百科全书

〔意〕雷纳托·维塔利 / 著

〔意〕弗兰卡·维塔利·卡佩罗 / 绘

吕竞男/译

湖南少年儿童出版社

HUNAN JUVENILE & CHILDREN'S PUBLISHING HOUSE

目录

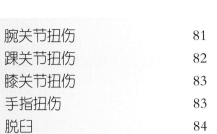

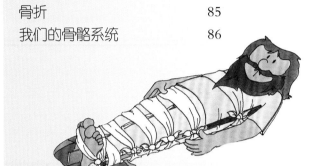

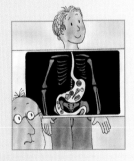

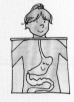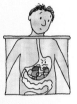

丛林之中

　　想象一下，你正身处极其不适宜生存、充满各种危险的丛林之中：树叶间潜藏着蟒蛇、流沙，沼泽里埋伏着水蛭和牙齿锋利、眼泛凶光的短吻鳄，毛茸茸的大蜘蛛从树

枝上垂下来，各种陷阱和毒箭……简直是一场危险博览会！你可能被舌蝇和凯门鳄咬伤，被蟒蛇缠住窒息；或者因流沙埋住脖子而溺毙，或是落入捕猎豹子的陷阱而受伤……

　　这次多亏你运气好，小皮！巫师偶然经过时看到了你，把你救了：你不会因为失血过多或者中毒太深而丧命！

　　但你不能总是依靠运气和别人的帮助：很多时候，等救援就太晚了，也许你都没法儿及时求救。

　　要是巫师感冒或患上水痘，只能待在家里，你可怎么办呀？

针对上述这些可能性，你外出时可不能忽略这三点：

① 要了解你去的地方，因为这将有助于你预测并避开危险；

② 掌握一些急救知识，因为有时你或其他人会遇到麻烦；

③ 记得必须随身携带急救包：消毒剂、纱布、注射器、棉花、镊子、绷带、医用药膏，甚至包括海绵、纸杯、肥皂……

哦……不，小皮！如果想正确使用你准备的这些东西，还需要一些技巧和灵活性，只有医生和护士这类专业人士（和巫师……）才能做好！虽然相对来说，急救的基本规则更简单，却非常重要，它能让你在等待专业救援人员前来施救的同时，利用有限的条件救人或者自救。

家庭环境

　　虽然大家都认为在家里更安全，但在家发生的意外却最多！这似乎令人难以置信，大多数时候，许多事故发生的原因是人缺乏基本的预防措施，而真正的罪魁祸首往往是轻率、分心、着急、缺乏经验、敷衍和粗心。

房子也可能如同丛林般危险！每个房间都有隐藏的陷阱和危险：煤气管道和电线就像蛇一样，嘈杂或安静的电器仿佛真正的武器，开关、火炉里潜伏的危险总在等待时机……要是医生被堵在路上或者忙着处理另一家的事故，无法及时赶到，你该怎么办呢？

在野外环境下使用的急救措施，在家里也一样可以救你的命。重要的是：你家有急救箱吗？当然有！

我们来看一看：需要用的都齐全吗？

① 可的松软膏、抗组胺类药物、止血药
② 剪刀、镊子、体温计
③ 无菌纱布和脱脂棉
④ 无菌绷带和橡胶绷带
⑤ 即时干冰
⑥ 无菌注射器
⑦ 医用手套
⑧ "干冰"罐
⑨ 过氧化氢和消毒剂
⑩ 贴片和医用膏药
⑪ 止血带

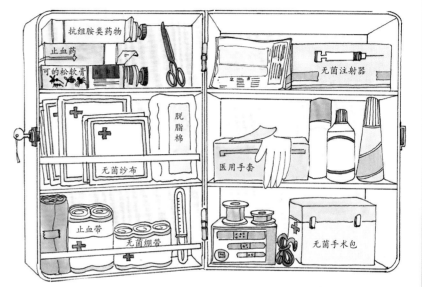

* 无菌手术包内有手套和无菌纱布、针线、无菌钳、持针器、贴片和消毒被单。

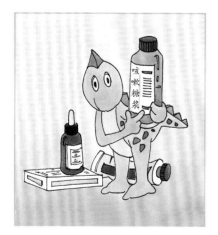  

每次都要检查印在无菌包装和医药产品上的有效日期。记住，过期的药物必须扔在药房附近的特殊容器里。立即更换用完或过期的药物，这样就能始终保证药箱随时有药可用。需要纱布或绷带时却发现已经用光，再没有什么比这更糟了！

现在，我们要走进这座充满危险的房子一探究竟……

常见的危险

想象自己很小，小得无论走到哪一个角落都会碰鼻子。
跟我们一起寻找隐藏在每个房间内的危险吧。

厨房

我们就从厨房开始吧。

这是一个危机重重的地方，比如，燃气阀门和连接炉灶的橡胶管。你可得小心：闻到煤气味了吗？没有？！

还有家用电器：洗碗机、冰箱、电烤箱、咖啡机、食物搅拌机、榨汁机、油炸锅……面对所有利用电工作的设备，请检查电线是否完好，插头是否插好。裸露的电线会造成电路短路，电器里传输的电流将把它变成电椅！

你看到炉灶里的蓝色火焰了吗？还有水壶、热油、顶开盖子的蒸汽、烧红的热烤架和烤盘，你觉得怎么样，小皮？你可能会被烧伤！

接下来是抽屉，对于孩子来说，这可是名副其实的军火库：里面塞满刀片、小刀、扳手、开瓶器、开罐器，就连易拉罐也能化身为锐利的武器……

水槽下的塑料容器里全是花花绿绿的标签，我们可以找到酒精、洗洁精、漂白剂、对付蚂蚁和蟑螂时不可缺少的杀虫药。虽然标签上画着水果、鲜花和蝴蝶，但里面可没有橘子和柠檬，你想不想试试，看看这是不是真的呢，小皮？

客厅

来吧，咱们去客厅。

这儿稍微安静点（也许……）。嗯，客厅摆着玻璃陈列柜和橱柜，随手可以碰到易碎的盘子，还有边缘危险的桌子和茶几、电线和有线电视、机顶盒、音响、CD 播放机……也许，壁炉正开着，因为在冬天它的热量不仅能供人取暖而且还能与人做伴。但最好别把杂志放在那儿：一点火花就有可能引发大火！

卧室

我们进卧室看看。

走到这儿，我们终于可以休息了。你要小心盘踞在衣柜上的箱子、灯和定时收音机的电源插座，还有那些少不了的边边角角……就是，零碎小东西。顺便说一句：睡觉前必须拔掉电热毯的插头！床头灯的流苏使光变暗，营造出美好的夜间效果，但灯泡却会变热，而布很容易点燃！哦，见鬼。

卫生间

我们去趟卫生间吧。

架子上装着香水、化妆水、面霜的漂亮彩瓶琳琅满目……当心呀！

还有一个极具威胁的大热水器：它会产生一氧化碳，这可是非常危险的有毒气体！

浴缸和花洒看起来安安静静，但只要稍不小心，花洒就会喷出热水浇你一身！

　　吹风机可不能这样放：不要将它插着插座留在盛满水的浴缸旁，如果它掉下去，洗澡的人就逃不掉啦！水池边的电动剃须刀也应如此。幸好没人想到打开收音机听音乐的"好主意"，像放吹风机似的，把收音机放在浴缸边，说不定会引出更大的危险。

　　如果光滑的瓷砖湿漉漉的，肥皂掉在地上，迈出浴缸时，你可要当心喽……

杂物间

现在我们来到杂物间，或者最好叫作"乱屋子"的地方。

孩子们对这间屋子非常好奇，因为妈妈和爸爸常常把他们的业余爱好之物藏在那儿：看吧，桌子上摆满的油漆罐、松节油、刷子等都是妈妈要用的；而在架子上堆着爸爸冲洗照片用的各种酸剂；还有杀虫剂、窗户和地板清洁剂、漂白剂。

这个工具可不是火车头，而是电熨斗：如果刚刚用过，你会被它烫伤。电熨斗一般都藏在某个地方……

相反，如果插头没有插好，吸尘器就不会工作……还有用来换窗帘或坏灯泡的梯子，可惜你都不感兴趣。

缝纫用的针垫，反而……更有吸引力！

洗衣房

走，去洗衣房逛逛。

洗衣机就像我们在厨房里见过的洗碗机：请注意电线。

当心洗衣液或洗衣粉、去污剂、香香的柔顺剂，你很少能摸到这些东西。

这里的暖气管暴露在外，非常烫。虽然并非全都是热的，也有不烫的冷水管，但太难区分开啦！

锅炉房

燃气锅炉虽然看起来气势庞大，却是一种精巧的设备：随随便便"捉弄"它，可能就会导致其工作异常，增加危险性。

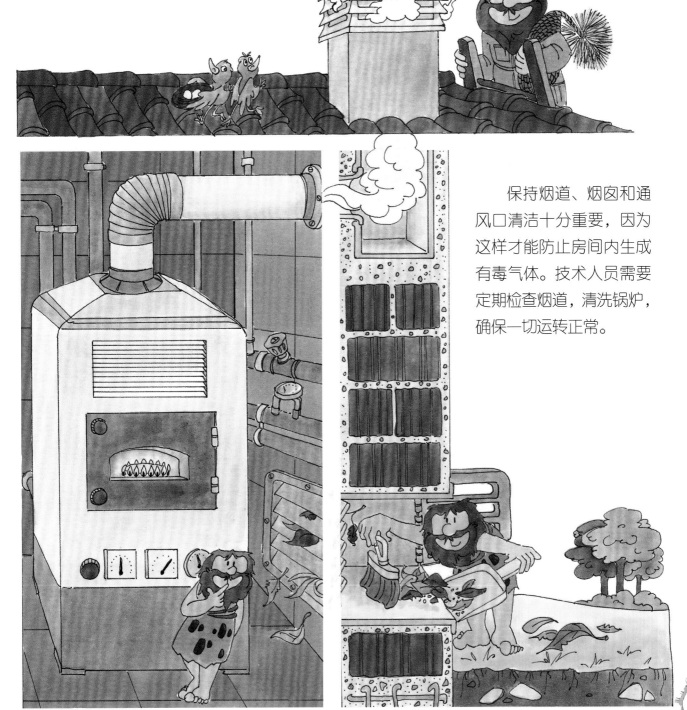

保持烟道、烟囱和通风口清洁十分重要，因为这样才能防止房间内生成有毒气体。技术人员需要定期检查烟道，清洗锅炉，确保一切运转正常。

车库

　　既然已经走到这儿了，就去趟车库吧。

　　我只看见消灭蟑螂、蚂蚁、蚜虫、蜗牛和老鼠（该死的，这么多敌人！）的毒药，一箱箱化肥和除草剂，还有用来清洁汽车和抛光车身的药剂，全都是变装的毒药。瞧瞧，那边还有些沉甸甸的扳手、钳子、充电器。在这间房子里，人们相当神经质，他们会把垃圾分类，但那些玻璃和碎瓶子全都非常危险。这儿有股发霉的味道，最好保持房间通风。

隐形敌人

我们休息一会儿，动脑子想一想：我们往往看得见的敌人是锯子、钉子、刀子、玻璃和化工产品。这还不算数，因为还有两个非常危险的敌人，它们是看不见的：天然气和电。

这两个家伙，除了导致窒息（天然气导致的）和触电（电导致的）以外，还能引起爆炸和火灾。家里预备一个小灭火器是不错的主意。比方说，电流引燃的火可绝对不能用水扑灭。

但凡需要使用天然气或电力的设备都必须受控制，因为维护不善往往会造成灾难。为了避免麻烦，甚至要一丝不苟地遵守某些规则。

总之，天然气和电往往是另一个隐形敌人的起因：热。它会导致疼痛和严重伤害，但如果你了解其藏身之处，它就是一个不必遭遇的敌人！

关于燃气

① 仔细清洗厨灶可拆移的部分：天然气燃烧形成的废物会堵塞上面的小孔。

② 小心锅内沸腾的液体（牛奶、水）：它们如果溢出来会扑灭火焰，却不能阻止天然气往外冒并向四周蔓延。如果你闻到燃气味，不要开灯，不要使用打火机或燃气点火器：一个小火花就可能把所有东西烧个精光！

如果闻到燃气味，不要开灯，不要使用打火机或燃气点火器！

　　自然界中的天然气无色无味，但其输向城市管网或存入气罐之前，被特意加入具有浓重臭味的混合物，这样人们能立即识别这种气味，从而避免因天然气泄漏造成爆炸的危险。

　　在煤矿内，天然气（或沼气）并不少见，一般会安装传感器检测是否存在天然气并自动分析其浓度，当其浓度过高就会触发警报。此外，采矿区配备通风系统和特制机械工具，这样天然气就不会成为火灾的源头。

③ 使用燃气设备的地方最好保证空气流通，一道门缝就足够了。如果有窗户，你可以在玻璃上打洞，再安装风扇。

④ 即使从主阀到灶具之间的橡胶软管表面看起来完好无损，也应定期检查更换。

⑤ 不要把煤气罐放在家里，最好放在专用隔间并配上栅栏门和锁。

⑥ 如果外出度假，或者一段时间不在家，不论长短，都要关闭燃气表附近的燃气阀，这样更安全。

关于电

① 如果你正在洗澡，就让收音机远离浴缸：水是导体，如果收音机掉进水里，你会触电！

② 在使用吹风机之前，必须擦干身体。不要把手放在被蒸汽打湿的瓷砖上：即使橡胶拖鞋将你和地板隔开，电流还是能从吹风机流经你的身体传到墙壁！

③ 同样的道理，接触插头之前彻底擦干自己！

④ 不要用湿手开冰箱。

⑤ 使用洗衣机时不要赤脚站立在水中。

水和电的组合危险重重。

⑥ 不要赤脚熨衣服：穿上木底或橡胶底的鞋，至少能让你是安全的。

⑦ 如果需要给蒸汽熨斗加水，请先把插头拔下来。

⑧ 如果使用钻机、烙铁或其他大家伙时需要很长的延长线，插入插头之前要将线全部解开，不要从地毯下拉线。

⑨ 如果必须使用多个电源，尽量用图中所示的多用插头。

⑩ 插入插头或拔出插头时，请捏住插头，不能只拉电线！

⑪ 如果需要延长线，首先将延长线连接上工具，然后再插上插座。

⑫ 如果需要清洁或修理电器，请先拔掉插头。你会擦洗上了膛的枪吗?

⑬ 如果更换台灯灯泡，首先拔下插头。

⑭ 如果更换吊灯灯泡，先关闭主电源开关，这样更安全。

⑮ 检查插头是否被损坏、腐蚀。更换时，请专业人员更换。如果发现电线烧坏或橡胶绝缘层破损，也应请专业人员处理。

⑯ 确保电路在主开关和相连的家用电器之间安装了救生用的断路器：万一发生危险，它可以自动断电。

关于热

厨房绝不是做游戏的理想场所：

火苗、热锅、烫人的蒸汽，还有让地板变得滑溜溜的各种油……

千万不要在厨房玩耍！

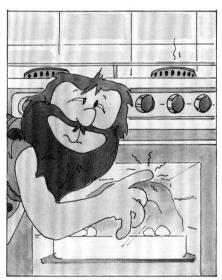

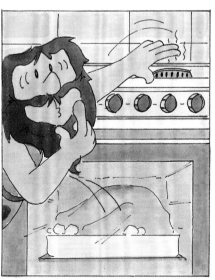

① 注意烤箱的玻璃门，它虽然不利于导热，但当烤箱内部达到高温一段时间后它也会变烫。

② 刚关火的炊具还很烫，烤架或电热板也一样，不要碰这些东西。说到厨房的安全时，要当心叉子和刀这些餐具的摆放位置：刀尖和刀刃必须向下！

③ 炉灶上的锅也非常烫：笨重的大锅应放在稍远的炉灶上，手柄朝着墙壁或同一侧，这样有人经过时，就不会无意间把锅碰翻。

④ 即便是灯泡，也能变得"火"热！小心你的手指！

⑤ 熨斗也是一样：就算拔下插头，在刚用完的一段时间内，熨斗还是很烫。

⑥ 这也适用于投影机的金属部件：如果里面的灯泡功率大，长时间使用所产生的热量会扩散到周围的框架上。

如果东西出了问题，请专家来帮忙吧！

当你自己动手时，前面那些建议对保证安全都很有用，然而如果更换或修复受损零件，最好还是依靠专家。首先，最好检查一下购买的材料：必须有质量保障和安全标签，这些很容易识别。如标有 IMQ 和 CEI，就说明所用原材料和组件的质量可靠，保证各种设备进行过全面测试。

购买时，谨记检查合格证书！

IMQ 是意大利质量标志院的缩写。

CEI 是指"意大利电工委员会"。

黑色的不仅是 13 号星期五

任何季节任何月的 13 号，碰上星期五可能就会变成著名的倒霉日。另外，如果遇到闰年，嗯，小皮，记得武装自己、加倍小心！但不幸的是，无论谁都可能随时惹上麻烦，哪怕正沉浸在幸福生活中的快乐家庭也不例外。

我们已经见识过房子里潜伏的危险，也提出了一些规避危险的有用建议。现在，尽管有了这些防范措施，麻烦依然可能发生在你或别人身上，因此最好还是学会如何应对，就至少不再伤上加伤。

不要认为这本书能让你在紧急情况下变成医生、护士，甚至专家：你还需要足够多的经验，只有每天练习才可以掌握。

其实，这是你了解自己（和他人）身体的好办法，发生事故时，你会更清楚应该或者不应该做什么。

　　如果在紧急情况下你感到自己渺小无力、孤独无助，千万千万不要失去冷静：伤员可能因你的镇定而获救。

　　进行必要的处理，只做你会的，不要尝试自己不熟悉的操作流程。

　　只要有能力，先评估情况的严重性并着手救治，如果有必要，进行最紧急的操作然后立即求救——我们稍后解释。有时你可能需要医生的救治，必须去医院，但无法做到，因为你是单独一个人或者不会开车（或当时车留在别的地方了）。

　　此时，你一定要打电话。

　　打给谁呢？

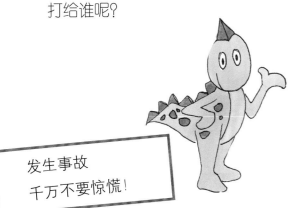

向谁求助以及如何获得救助

在任何一个欧盟国家，你都可以通过固定电话网络，包括公用电话和移动电话免费拨打 112 呼叫急救。

　　熟练的接线员会接听电话。在不同的国家，接线员会直接回应询问或转接相关部门：急救中心、消防局或警察局。接线员都会用多种语言应答拨打 112 的求助者。

　　一定记住提供姓名、地址和电话号码。辨识寻求帮助的人特别必要，以防同一事件重复上报。

　　记住，不必要的电话会导致救助系统超负荷运行，令真正需要帮助的人生命处于危险之中。

　　如果误拨 112，请不要挂断！提醒接线员，你打错电话而且一切正常。

其他紧急救助电话

急救电话

报警电话

火警电话

中毒控制中心

海岸警卫队
海边意外

森林报警电话
森林火灾

 38 注：中国医疗急救电话120、火警急救电话119、
中国交警电话122、报警电话110。

① 尽量保持头脑冷静，思路清晰，解释清楚什么人发生什么事。

② 告知自己的姓名，并提供事件发生地点的准确信息：城市、街道、门牌号码或任何可供参考的标志。

③ 告知呼救时使用的电话号码。如果用手机拨打112，不必隐瞒，除了你的电话号码，还可以提供一个事故现场附近的电话号码；如果救援人员不能快速准确地找到事故现场，他们会重新与你或其他了解情况的人联系。在获得接线员许可之前，不要主动挂断电话。

如何应对交通事故

如果碰巧在路上目睹一起交通事故，请在最短的时间内做两件重要的事：保护伤员和呼叫救援。

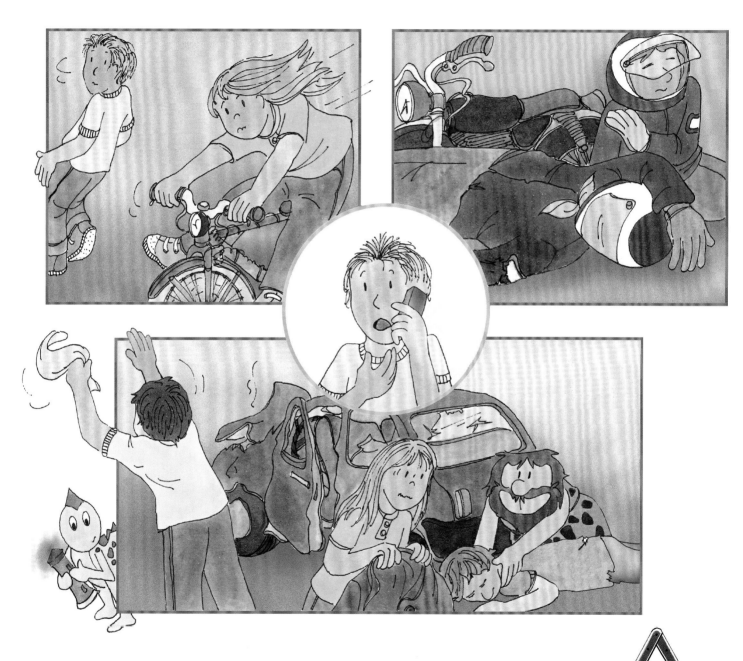

即使没有网络覆盖，手机也能拨打紧急号码：立即呼救。保持冷静，如上页所讲的那样，说明发生什么事故和事发的地点等。

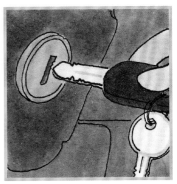

为事故车辆设置警示标志时，千万要小心谨慎，注意自身安全：如果可以的话，请把车的应急灯都打开。

如果有紧急三角警示牌，请将其放在明显可见的位置。

如果发动机还在运转，请拔下仪表盘的钥匙以关闭发动机。

如果躺在路面上的是行人、骑自行车或摩托车的人，不要试图挪动他或者将其转移到安全的位置（原因见下页），应确保他能正常呼吸，但不要拖拽；即使对方愿意配合，也不要让他起身，而应该用毯子、外套等帮他保暖。

如果你需要将伤员从危险的地方（比如燃烧的汽车旁）移开，请找其他人帮助：三位救援人员才能保证伤员的正确体位，从而避免脊柱受到压迫或者受伤的四肢垂落。

如果没有人协助，只有在极其必要的情况下，你才可以站在伤员身后，手臂从其腋下插入，紧紧握住伤员的胳膊，尽可能轻柔地拖动，不要使其摇晃。

如果受伤的是摩托车司机，不要摘下他的头盔：这样可能会对伤员造成更大的伤害。

不要让他喝任何东西。

运送伤员

如果事故发生在人员稀少的偏远地区，比如在山区远足时，你会发现没有合适的办法转移受伤的人：如果只有你一个人，就用毯子拖拽伤员，如果多于两个人，请按照以下方法用毛巾和围巾或者结实的防风夹克做成临时担架。此外，木板、旧百叶窗也是不错的材料。

这种简单的办法就如同架起座椅，两个人能轻松地带走一位意识清楚但无法行走的伤员。

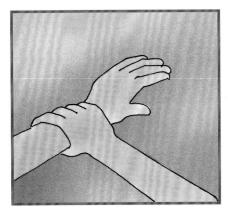
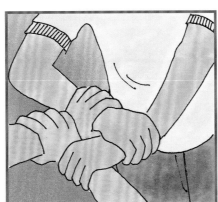

急救方法

现在我们打算教你一些基本的急救措施，它们可以用于许多不同类型的突发事件。其中包括：安全体位、人工呼吸、心脏按压、抗休克体位等。

准备好了吗？好！伤员在哪？

安全体位

对于任何失去意识却能自主呼吸的伤员，应将其摆放成安全体位。安全体位可有效防止舌头或呕吐物阻塞气息通过呼吸道。对于不能明确颈椎有无损伤的伤员，应尽量不搬动其头颈部，避免加重头颈部损伤。

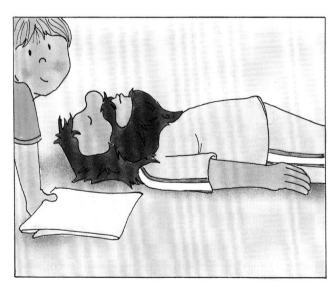

① 让伤员平躺（仰卧位），注意脸应朝上，手臂放在身体两侧。

② 将伤员的右臂向侧面分开（外展），与躯干成直角。

③ 一只手放在伤员脖颈下并向上抬，另一只手将其额头向后向下压。

④ 用力拉下巴，使其张开嘴。

⑤ 用纱布或手套检查伤员呼吸道是否阻塞，有无嘴唇发绀、呼吸急促，或者胸骨上窝深度凹陷。

⑥ 将其转向右侧，弯曲左腿，使左腿的膝盖贴住地面：这种体位更平稳。然后，再次检查呼吸道和鼻子是否通畅，嘴里是否有呕吐物。

心肺复苏术

复苏术的程序主要分两步：人工呼吸和心脏按压。

人工呼吸急救法（口对口复苏术）

① 采用仰头抬颌法：

使伤员水平仰卧，确保颈部纽扣是解开的，口腔内无异物、无假牙。检查上呼吸道，确保通畅后，捏住伤员的鼻孔使其用嘴呼吸。

② 嘴唇贴住伤员的嘴唇，口对口进行 3~5 次送气。有条件的话，使用简易呼吸器。

③ 查看胸部或腹部是否上升：如上升，则表明操作是正确的。

④ 因为肺部有弹性，所以能够自动排出气体。每次送气 400~600 毫升，此动作每分钟重复 10~12 次，每 5~6 秒 1 次。

给小孩做人工呼吸的方法略有不同：被称为口对鼻吹气法，因为吹气时需要用嘴唇罩住孩子的嘴和鼻子，剩下的步骤和成人的相同。

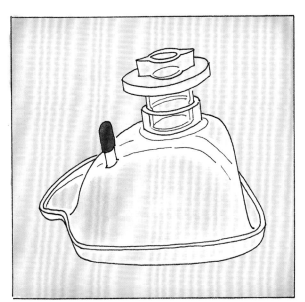

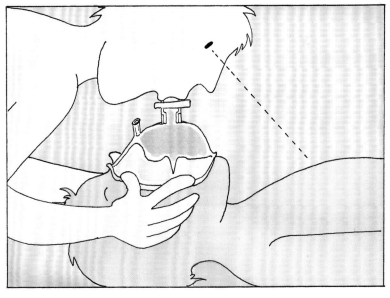

进行人工呼吸的辅助工具在市场上有售，这是一种能紧密贴合面部的小面具，配有一个调节吹入空气的阀门。它由特殊材料制成，体积小，可以放进汽车的后备厢或者家里的医药箱，非常有用。

心脏按压

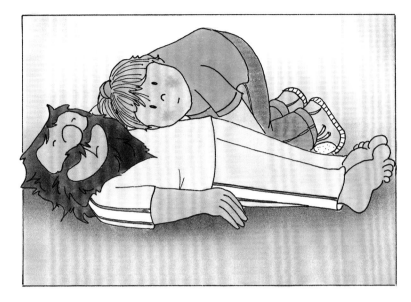 

　　将耳朵贴在伤员胸前左侧，你可以感觉出伤员的心脏是否跳动，但最保险的方法是测量颈部的脉搏，将手指贴在颚下喉头附近感觉颈动脉的搏动。具体做法是：用左手的中指和食指，从气管正中环状软骨划向近侧颈动脉搏动处，判断时间为 5~10 秒。

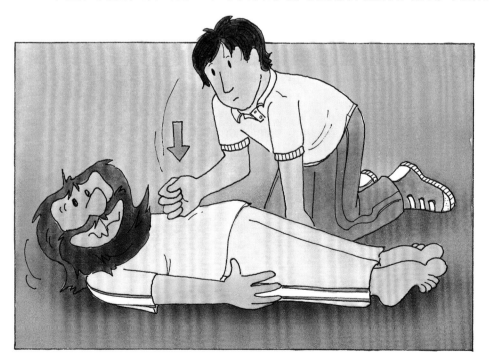

　　如果没有感觉到任何搏动，你可以试着进行第一次简单的复苏。在清理过口腔异物后，用拳头用力击打或用手敲伤员的心脏部位，有时心脏会自发地恢复跳动。

　　如果不能奏效，你就需要尝试接下来的 CPR（心肺复苏术）了。

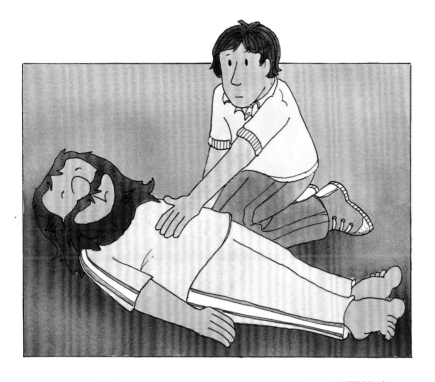

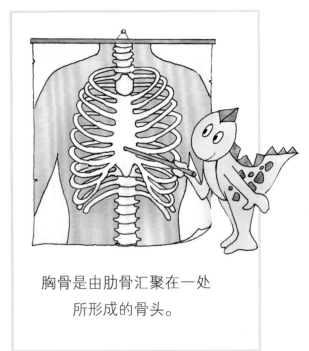

胸骨是由肋骨汇聚在一处
所形成的骨头。

① 可将伤员放在坚硬的地面上，不要放在
床、吊床或床垫上，最好是放在地板或桌子上。
手掌放在胸骨双侧乳头连线的下半部分。

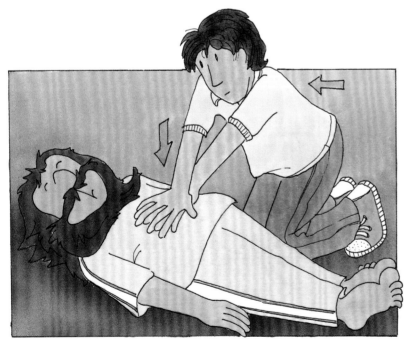

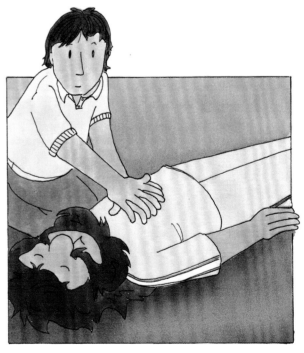

② 左手掌跟紧贴伤员的胸部，右手放在左手上，
两手重叠。左手五指跷起，双臂伸直，用上身力量按
压30次，按压深度至少5厘米。不必担心伤员会受伤：
这已经是生死收关的时刻。

③ 再让伤员的胸部自然升高到正常
位置。要进行持续2分钟高效率的心肺
复苏：理想的情况是按压频率至少每分钟
100次。

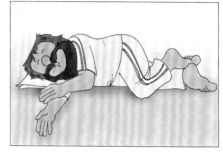

每做完 5 个周期，检查一次心跳呼吸有无恢复，如果伤员的脸色、呼吸和心跳恢复正常了，就把他摆放成安全体位。

两个人配合比较容易完成这些要求。请记住，两人配合时，每按压 3~5 次，必须进行一次口对口复苏术。

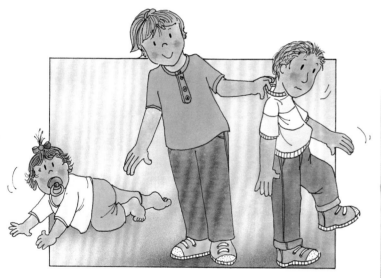

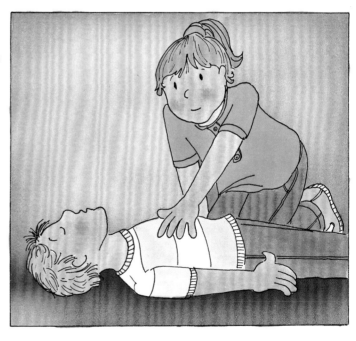

如果对小孩开展复苏术，则不能像对成人那样使很大的力气，而是依照同样的方法用食指和中指按压胸骨，用力较轻。

如果孩子非常小，得用双手握在其腋窝下，拇指扣住胸骨，下压 1~2 厘米，频率在每分钟 80~100 次，只能用拇指发力。

抗休克体位

万一伤员发生休克或晕倒（昏厥），就使用这种特殊体位。"昏厥"一词听起来有点奇怪，它指的是因为动脉压降低引起大脑血流量减少而导致持续几秒钟丧失意识。尤其是天气很热时，生病的人或特别虚弱的康复期病人，甚至是受到过度惊吓的普通人都可能发生这种状况。

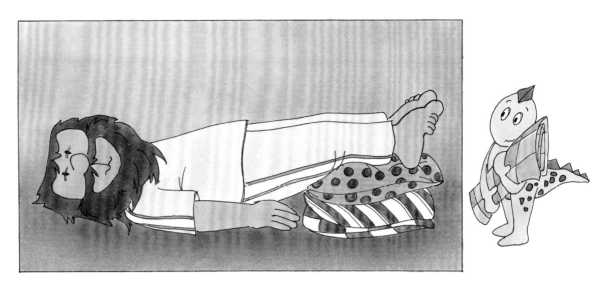

① 帮助伤员躺下，最好仰卧。松开伤员的腰带、衣服上的布带、胸罩；解开衬衫或夹克。用一个或多个枕头垫在其腿下，使其高于躯干和头。

② 给伤员盖上毯子保暖，不要让他喝任何东西。如果伤员口渴，可以用纱布抹湿他的嘴唇。

查看伤员的脉搏：一开始会感觉非常微弱，甚至很难找到。如果症状缓解，则脉搏变强，心率减慢。

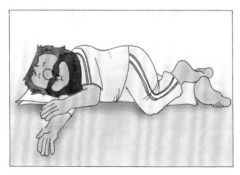

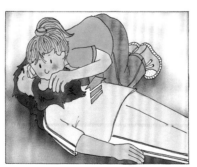

③ 如果伤员呼吸困难或突然昏迷，把他调整到安全体位。

④ 如果发现伤员没有呼吸，心脏停止跳动，立刻开始对其进行复苏术。

外伤

受外伤时会损伤皮肤并引发出血，其严重程度取决于伤口深度以及受伤部位的大小。外伤包括：

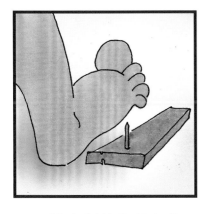

被尖锐的物品刺伤（钉子、锥子、剪子、毛衣针、铅笔刀等）。

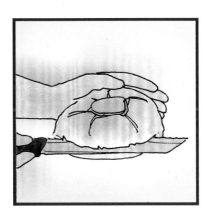

割伤（玻璃、手术刀、切割机、剑或马刀）。

撕裂伤（被动物咬伤或钩子等划伤）。

划伤和擦伤（因物体锋利的边缘、飞来的石头或摔倒时为了保护自己而受到碰撞或者挤压所造成的损伤）。

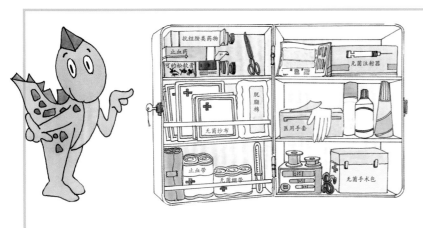

表皮擦伤（在沥青路等平面上爬行时造成的伤害）。

为了应对此类紧急情况，我们需要消毒剂，如过氧化氢、橡皮膏、纱布等。有可能的话，再准备些绷带。你已经检查过急救箱了吗？所需的东西都齐全吗？

应对方案

① 止血时，用手掌直接按压伤口，也可以用纱布、布片或干净的手帕垫在伤口上。条件允许的话，操作时请戴上橡胶手套。

这项操作称为压迫止血法。

② 用生理盐水（不要用生水清理伤口，避免细菌感染）就可以进行最初的伤口清洁工作，然后用西洛希尔或过氧化氢为伤口消毒。

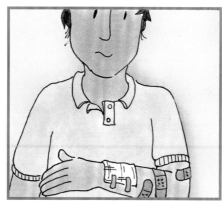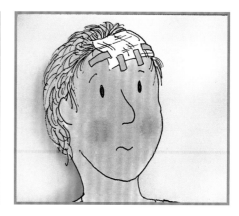

③ 用纱布或护罩覆盖伤口：必须保护好伤口，使其不受感染。

绷带

有时仅靠胶布或纱布是不够的，在某些情况下需要打绷带。按照以下示范，练习打绷带，记住不要过度拉紧绷带：你只是为了保护伤口，千万别把伤员捆成囚犯！

包扎手部时，先从腕部开始。从大拇指和食指中间向上拉至指根，再绕到手腕背面，再用胶布贴住绷带。

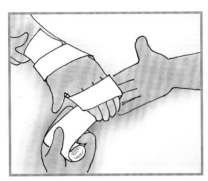

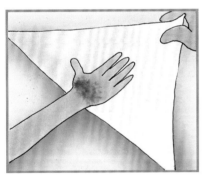
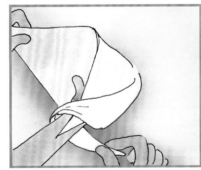
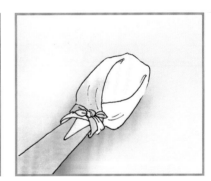

如果包扎时没有绷带，只要一块手帕就可以保护自己的手：将手帕叠成三角形，手放在三角形最长边的中间，再把三角形的顶角向腕部折回，其余两个角绕在手腕上打结系住。

固定手臂时，可以使用围巾：三角围巾的一个角放在受伤的手臂下面，将围巾穿过肩部拉到脖子后面，抓住另一头从另一侧的肩部拉回来打个结；再用安全别针固定松散的边角。

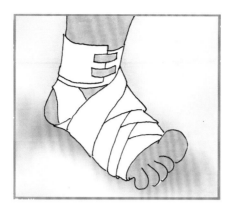

如果受伤的是脚，可以从趾根开始，顺着脚踝缠绕，向下包住脚后跟再绕回脚踝。请注意：脚趾不能包裹，应露出来，观察血运。

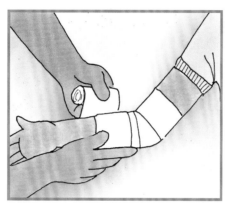

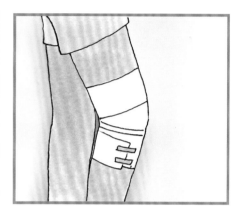

包扎肘部或膝部时，将绷带在受伤部位上下缠绕几次，至少多出 10 厘米。

包扎头部时，你可以把围巾折成三角形：站在伤员身后，将围巾包住伤员头部，并把两个角在后脑处交叉，再向前绕并在额头处打结；将剩余松散的边角拉到头顶，用安全别针固定。

感染

你知道为什么仔细清洗伤口，对其消毒会如此重要，而且之后还要用绷带保护起来吗？

任何破坏皮肤完整性的细小伤害都会为细菌和病毒的入侵打开大门：这些入侵者，至少能减缓身体的自我修复过程；严重时，它们会引起涉及全身的实质性感染。

免疫系统

血细胞包括红细胞、血小板和白细胞三类细胞。

红细胞将氧气运送给所有组织。

血小板承担修复伤口的任务。

白细胞是人体与疾病斗争的"卫士"。白细胞中的淋巴细胞是免疫细胞中的一大类。

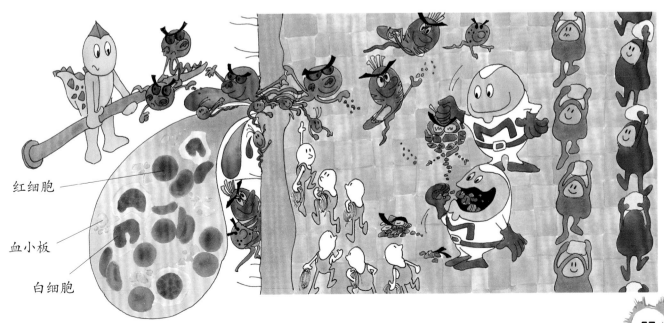

红细胞

血小板

白细胞

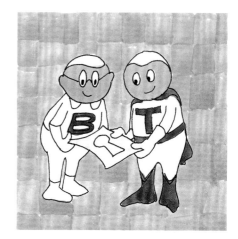

免疫系统就像真正的军队一样。当哨兵无法独立抵挡入侵时，它会激发全部防御系统。T 细胞负责寻找敌人的弱点。

B 型淋巴细胞制作有效的防御武器：抗体。T 细胞负责发起最后一击。

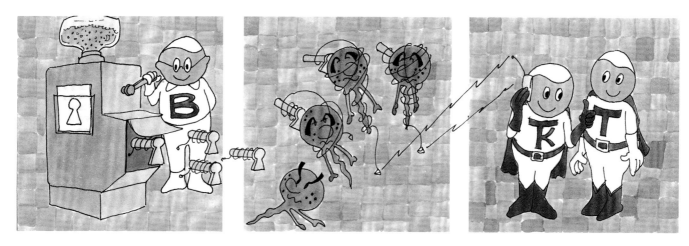

当巨噬细胞清扫战场时，T 细胞复制一份用过的武器样品，以便再次遭到攻击时，每个细胞都能有所准备并高效回击。

抗生素、免疫球蛋白和疫苗

然而，战争局面不会总是朝着有利于我们的方向发展。幸运的是，医药科学已经为人体准备好多种有效的"增援部队"，它们是抗生素、免疫球蛋白和疫苗。

抗生素这种药物具有特殊机制，用以抑制不速之客的生长和复制，直到将其全部击溃。

免疫球蛋白是一种即时的、分离或聚集的高纯度抗体。它们在人的血液中产生并积聚，以对抗某种特定疾病并使人对其免疫。

免疫系统能识别外来入侵者，从而产生特定抗体以消灭它们，疫苗利用的正是这种能力。通过接种疫苗，被弱化或是攻击性极小的"敌人"进入人体，以最小的风险为淋巴细胞创造辨别它们的机会，从而准备好相应的抗体。

在间隔很长时间之后入侵者被再次注入：幸好之前将它们编入敌对类型，淋巴细胞立刻识别出来，派出事先积聚的抗体打击入侵者，并开始重新复制抗体。有时，为了使这个系统保持活跃，最好使机体记住入侵者的存在：这就需要定期回忆。

杆菌和球菌

最具侵略性的敌人是被称作杆菌（如一种引起疾病——破伤风的致病菌）和球菌（千万别被这个荒唐的名字蒙蔽！）的微生物，除了最常见的葡萄球菌和链球菌，还有很多能引起严重感染的种类。

破伤风

破伤风杆菌存在于尘土中，通过小伤口进入人体；它会产生一种叫作破伤风毒素的物质，这种物质能引起包括呼吸器官在内的肌肉麻痹。免疫球蛋白和破伤风疫苗可以抵御这种危险毒素的破坏，而此时抗生素根本没有用武之地。

最后请记住，破伤风杆菌无法生存在有氧环境下，因此最好的消毒剂是过氧化氢，它可以在受伤的组织内释放氧，找出所有破伤风杆菌并一网打尽。

考虑到破伤风的危险性，每个人都应该接种疫苗加以预防。

在意大利，新生儿必须接种破伤风疫苗，并推荐极易受此病毒攻击的人群进行接种：那些在工作中与土、动物、锈铁密切接触的人都应该接种疫苗，预防破伤风。

接种破伤风疫苗并不能保证人们永远对其免疫：在首次接种之后一个月及一年后分别补种一次疫苗；8~10 年后再接种一次。

葡萄球菌和链球菌

葡萄球菌和链球菌存在于自然环境中，我们的皮肤上也有，但不会造成伤害，然而当它们深入体内后会迅速复制，在此处产生有毒物质，或者传播到身体其他部位引起感染。因此，在一天结束前千万记得把自己清洗干净。注意个人卫生是一种不错的预防措施。

因此，务必小心！保持伤口干净也意味着系绷带前必须洗干净手。此外，葡萄球菌和链球菌都需要在有氧环境下生存复制，因此最好的消毒剂是四级铵盐。

受伤一至两天后开始发烧也许预示着发生了感染。伤口处的超级感染源会延迟愈合的过程，并带来更多痛苦。

发烧

正如我们刚刚所说，发烧是疾病产生的一种症状，此外还有咳嗽、乏力、气短等。

通常情况下，人体腋温为 36~37℃。当高过此温度范围时，就意味着你发烧了。

医药箱里应该备有体温计。测量体温时，可以将其夹在腋下，保持 10 分钟。也可把体温计放在嘴里（口部温度），或者轻轻地插进肛门（直肠温度），口温及肛温至少要测 5 分钟，这样测出的结果更准确，对于婴儿来说尤其如此。如果是小孩，可以测量腹股沟处的温度。口部及直肠温度至少比腋下或腹股沟温度高 0.5℃。

发烧时，如果体温在 38~39℃之间，应予以物理降温；如果体温在 39℃以上，应药物降温并补液。一般情况下，我们的身体无法忍受超过 39℃的温度，此时你应该向医生求助。在等待医生时，你可以想办法促使热量扩散。

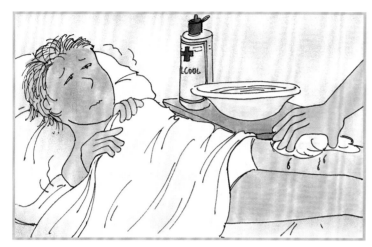

可以脱掉衣物，只留下内裤，如果感觉冷，盖上被单就行。

如果烧到 38℃，你可以用水降温：用海绵或湿布擦拭胳膊、腿和额头。这样利用所谓的热对流现象，有助于分散热量。

在额头上冷敷冰袋或湿布。

用勺子或吸管喝点饮品（水或者其他加糖的甜饮料）。

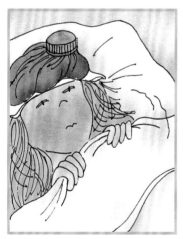

有时，高烧可以引起惊厥，幸好这种情况极少发生。惊厥时身体伴有震颤、下颌僵硬、呼吸困难等症状，可能威胁生命。高烧惊厥并不会在所有发烧人群中发生，通常出现在幼儿、瘦弱人群身上，或者患有疾病的人因不能恰当进食、消耗本应供给脑细胞的能量储备而发生惊厥。

在发生惊厥时，要注意控制呼吸：舌头和唾液可能会阻碍呼吸，最终导致窒息。应用干净的东西夹住舌头，防止咬伤，并立即呼叫医生或将孩子尽快送往急救室。

发疹性疾病

皮疹这个词比较生僻，医生用它描述这一类疾病：发病时，它常常伴有乏力、发烧以及皮肤上出现明显斑点等症状，尤其是感染皮疹的初期。这时，你应该向医生寻求帮助，因为这是一种传染性很强的疾病，会迅速地在人群中传播（幼儿园、学校等）。也许你更熟悉皮疹性疾病的一些别名：麻疹、水痘、风疹、猩红热、流行性腮腺炎、百日咳。其实还不止这些，但我们只着重介绍常见的几种。

其中最严重的当属麻疹。这种疾病初期没有任何特殊症状：高烧可以迅速达到39℃甚至更高，伴有咳嗽、畏光，令人感觉难以忍受，之后出现大小各异的暗红色斑点。麻疹从脸部开始泛出，逐渐蔓延到躯干和手臂。请按照之前所说的建议控制体温，使用海绵擦洗身体、输液。

我们已经发明预防这种疾病的疫苗了，尽管是非强制性的，但强烈建议婴儿出生15个月后进行接种。注射疫苗后，麻疹将持续5~6天，之后你就可以返回学校了！

水痘发烧略微减轻后，到处都会冒出小斑点，即便是头上也不能避免。刚开始斑点很小，呈红色并凸起，然后变成小水泡，破裂后形成硬壳。

水痘非常痒。千万别挠，一定坚持住啊！用些含薄荷醇的滑石粉的话，你能稍微舒服一点点。

风疹发烧比较温和，有时甚至不会发热。起初，斑点很小且间隔不远，然后汇聚起来，呈粉红色，风疹因此得名。

在所有皮疹性疾病当中，风疹最温和：只有发生在怀孕期间才比较危险，因为会导致新生儿发生出生缺陷。所以，学龄期的女孩需要强制性接种疫苗。

猩红热与其他几种均不同，因为其致病原是细菌，即 β - 溶血性链球菌，而非病毒引起。体温突然升高就像患上麻疹一样，皮肤呈现特定的猩红色，症状还有嗓子疼、咳嗽以及全身不适。即便是经验丰富的医生也很难辨别这种疾病。可怕的是，如果不立即接受药物治疗，可能引发肾脏并发症。还有一种情况不太严重，叫作猩红热样皮疹。

流行性腮腺炎的症状十分特别：这种传染病会影响腮腺，腮腺位于下颌角，即耳朵正下方。腮腺肿大，隆起部分挤压外耳，使脸的样子变得很特别。

流行性腮腺炎由病毒引起，如果成年人感染的话，病情尤其危险，因此也有预防流行性腮腺炎的疫苗。

百日咳是一种呼吸道疾病，由细菌毒素——百日咳博代氏杆菌引起，会造成支气管和细支气管内壁损伤。它还是一种传染性极强的传染病：与病原直接接触，比如咳嗽、打喷嚏，甚至仅是说话时喷出的飞沫即可感染。其症状表现为打喷嚏、感冒和轻微咳嗽，初期只是夜间不适。随后，咳嗽越来越严重，出现典型的剧烈咳嗽，经常伴有明显尖锐的吸气声，严重时甚至会呕吐。这种疾病将持续两到四周时间。居住的房间有必要保持足够的湿度，并且避免吸入烟雾和尘土。

接种百日咳疫苗时配有六阶疫苗（其中包括抗破伤风、乙型肝炎、抗 b 型流行性感冒嗜血杆菌、脊髓灰质炎和白喉疫苗等）。

出血

出血是指血液流失，包括动脉出血和静脉出血。动脉出血时，血液呈鲜红色并间歇性向外喷射。

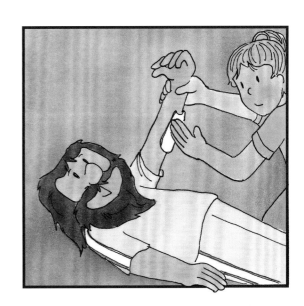

静脉出血时，血液呈暗红色，连续而平稳地从伤口流出。大静脉破裂也会导致大量失血。

静脉出血时，应将受伤的部位抬至高于心脏的位置，这样做很重要。

让伤员躺下并将受伤的下肢抬高可以减缓或阻止腿部出血，前臂或者手部受伤也同样适用此法。

如果割破动脉，情况更严重：轻按受伤部位无法止血，必须移位挤压，即在心脏和伤口之间的某个部位，将动脉按压在下方的骨头上，以此阻止血液流动。这一做法比较费劲，因为动脉一般在皮下较深的地方，仅在某些部位贴近表皮处比较容易摸到脉搏。通过摸索（用手指）不同位置的动脉脉搏，练习找出锁骨下动脉、肱动脉、股动脉和颈动脉。

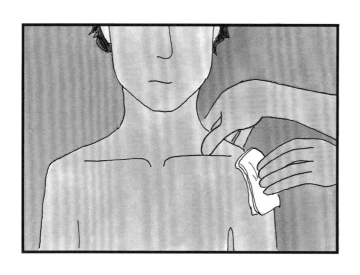

上肢出血时，大拇指按压锁骨后方，向下压第一根肋骨。

用这种方法挤压锁骨下动脉。

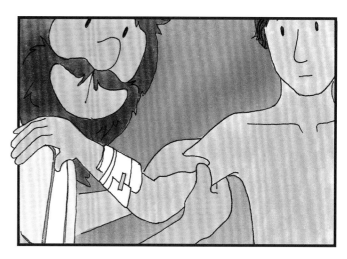

手臂严重受伤时，双手大拇指并列按压肘部上方：阻断肱动脉血流。

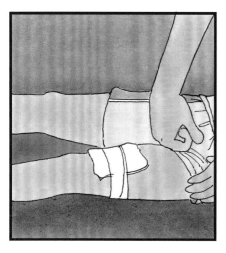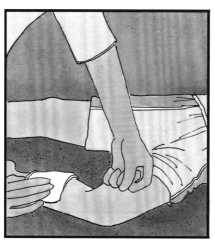

下肢受伤时，必须按压股动脉，用拳头按压腹股沟中间处或大腿内侧，时间不能超过1小时。

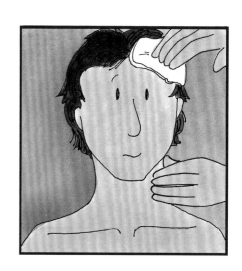

头面部皮肤破裂出血时，可用纱布加压包扎及创面填塞止血。鼻腔及面部出血，可以压迫面部动脉、颞浅动脉。

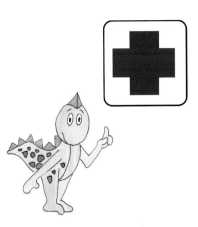

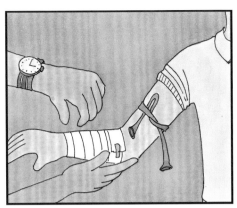

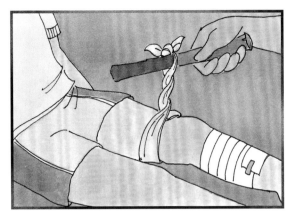

如果人工按压不起作用，请在上臂或大腿使用止血带，但千万不要绑在小腿、前臂和脖子上！20 分钟之后取掉止血带，最多使用 45 分钟：不要打结或者突然摘除，应该慢慢地松开止血带。

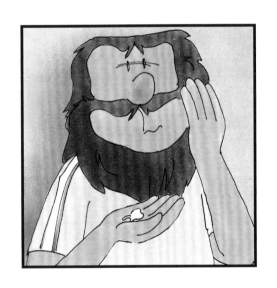

如果没有橡胶止血带，也可以使用薄纱。如上右图所示，用棍子逐渐地松开或绷紧薄纱。

就连抽血或掉牙都会引起出血。
可以用手指将浸湿的棉球按压在伤口处，或者在脱位牙留下的空隙垫好纱布，垫后咬紧牙关。

颌面创伤也会导致嘴唇出血。
用冷水按压即可止血，除非确实出现创口：此时必须请医生缝合，但不要打补丁。

意外咬合也会使舌头受伤：出血几乎都能自动停止，不过你也可以含一些冷水或冰块。如果伤口很深，就有必要请医生来处理。

鼻衄

鼻衄即我们通常所说的鼻子出血。

成年人发生鼻衄是因为使劲打喷嚏（毛细血管很脆弱）或者鼻子受击打，也可能由于血压升高（高血压危象）：此时会伴有头痛。

① 头部向前以防吞咽血液诱发恶心，用大拇指和无名指按压鼻根部至少8分钟。

② 将冰袋贴在额头上。

③ 用浸湿的棉球或纱布清理鼻孔，一两个小时内不要擤鼻子。也不要用棉球塞住鼻子，因为取出棉球时会再一次引发出血。

内出血

　　内出血是指人体内部血管破裂而造成的失血：体外未见出血，表皮完好，没有创口或擦伤。没有流出来的血液聚集在肌肉内（血肿），或者进入中空的器官中，如胃肠，或者从组织间渗出。

　　猛烈击打可以造成内出血：每个器官（肾、胃、脾等）内部都有动脉和静脉，可能发生破裂。

　　事故刚发生时，也许根本觉察不到内出血，而几个小时或几天之后才会显现出严重性。

　　内出血所表现的严重症状如下：伤员流汗，呼吸困难，心跳极快，感觉虚弱。

　　当有人遇到意外事故几小时后开始出现这些症状时，至少应该怀疑内出血的可能性，应迅速告知医生或将伤员送往急救室。

血肿

血肿是组织之间的血液凝集。

血肿伴有膨胀（水肿）和皮肤变红（红疹）。早期呈现出的外观类似污渍，外围或多或少变为蓝紫色。随着时间推移，因为血铁黄蛋白在此聚集，颜色加深再次变黄。血铁黄蛋白是血红细胞破裂而产生的物质，之后将自动消失。

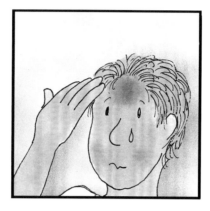
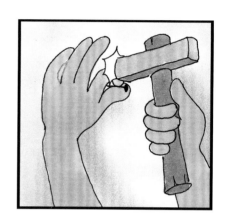

  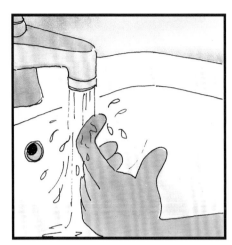

　　将冰袋敷在受伤的部位，不要直接贴着皮肤而应垫一层布；或者把受伤部位在水龙头下冲洗5~10分钟。冰凉的东西可以减慢血液循环，从而减少出血和肿胀。一般扭伤后，第一天要冰敷，每次半小时，每日3次。第二天开始热敷，促进肿胀消退。要注意多休息、少活动。

　　可涂抹专用药膏（以七叶树皂苷、肝素或积雪草为原料）促进对血肿的再吸收，然后热敷。

　　大片血肿会集中在肌肉纤维的中间部位（大腿、小腿、臀部），因此使人行动困难，痛感强烈。除了采取上面介绍的治疗方法外，最好再休息几天。

颅脑损伤

头部受到击打，即使没有肉眼可见的创口和瘀青，情况也可能非常严重。

老年人或病人因失去平衡重重跌倒而磕伤脑袋，醉酒的人也容易发生这种情况。

有时，跳起来撞到头或者头撞到窗户、窗台、打开的橱柜门上，也会造成颅脑损伤。

颅脑损伤可以造成意识丧失，哪怕只是片刻，也能引起或轻或重的精神错乱：这种情况就是我们所说的因大脑震动而导致的脑震荡。

哎，小皮，你总不能成天戴着全护式头盔。除非你 24 小时都骑着滑板车在大街上跑！

恶心、乏力、呕吐是严重创伤的预警，甚至事发后几个小时才会出现。受伤的人可能表现出心不在焉，无法回答简单问题的状况：这时应马上将其送往医院。

当有人晕倒在地时

检查呼吸是否顺畅以及颈动脉的脉搏强弱，在头皮上查找创口或瘀伤。

尽量不要抬动伤员，应等待更专业的救援。如果怀疑有颅脑损伤，请不要抬高其下肢。

肌肉损伤

　　这种事故经常出现在寒冷的季节——秋季和冬季，特别容易发生在运动员身上。事实上，尤其是曾经当过运动员的人，到了四十岁，不再参加竞技体育或者没有继续运动，有时他们穿上运动服、队服，和一群单身汉、已婚的壮汉进行比赛，或者为了寻找"失去的体形"在海滩上、田野间奔跑，就会频繁地发生肌肉损伤。

在没做任何准备的情况下，肌肉强烈自主收缩可导致撕裂或较少见的肌肉纤维或肌腱断裂。这非常痛苦，哪怕每次收缩是无意的，疼痛都会变强。

肌肉块或肌腱最容易受伤：手臂（肱二头肌）、小腿的后面（腓肠肌）、大腿前侧（股四头肌）；脚跟受伤会撕裂跟腱。

症状包括伤处局部肿胀、疼痛，然后由于血液转移而出现青紫、丧失功能。

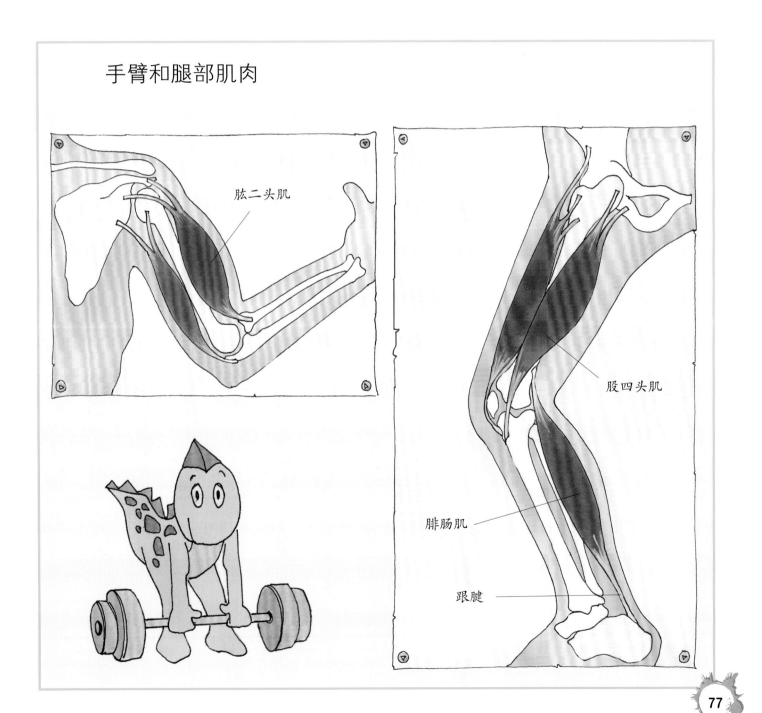

手臂和腿部肌肉

肱二头肌

股四头肌

腓肠肌

跟腱

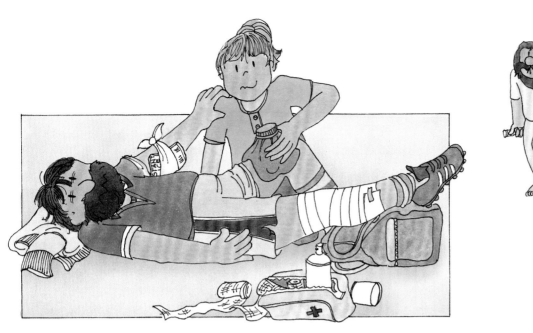

如果怀疑是肌肉撕裂或损伤，请将受伤部位抬高，敷上冰袋并用绷带固定肢体。

抬着"老爷子"或在不使用受伤肌肉的前提下帮助伤员活动，就好像你已经变成他"晚年的拐杖"。

肌肉拉伤是比较温和的小毛病：肌肉纤维没有断裂，但还是觉得疼……

这是过度拉长肌肉、肌腱或关节囊所致。

当你运动时，如果使用肌肉不当，即使动作轻微也能造成肌肉拉伤。有时不易区分拉伤和撕裂：拉伤表现得好像撕裂一样严重。肌肉拉伤的症状一两天内就会减轻，但还是休息观察一下比较好。

最好的治疗永远都是预防，不要在低温条件下让肌肉突然发力，不要立即开始慢跑或做健美操，不要一看到球就使劲踢。

热身运动可以使肌肉逐渐适应负荷较大的工作，而这需要时间。

对于久坐不动的人，就有一个很好的建议：不要从椅子上迅速站起来，可以先伸展一下背肌、腹内斜肌或斜方肌。

说真的，充分热身或额外的连续肌肉运动是解决肌肉问题的最佳良药。

记得运动前要活动活动身体。

肌肉痉挛

痉挛是指部分或整块肌肉突然收缩、变硬并丧失功能，它会令人感觉非常疼。

人们由于长时间运动造成体内电解质大量流失，使肌肉兴奋从而导致肌肉痉挛。另外，剧烈运动时体内积累的乳酸也会导致肌肉痉挛的发生。

正常人在静坐或熟睡时也可能发生肌肉痉挛。这是由于神经肌的自主性活动导致的。可能与缺钙或受凉有关。

如果游泳时腿抽筋，也许会引起更多麻烦，重要的是保持冷静，寻求帮助，尽量回到岸边，不要使劲拉伸疼痛的部位。

嗝！嗝！

打嗝

它是由一块很特殊的肌肉——横膈膜——不自主地收缩引起的。横膈膜呈穹顶形，将胸腔和腹腔分隔开。打嗝可以自行消失。众所周知的缓解措施有：尽量长时间屏住呼吸，再慢慢地呼气；使用温开水3杯法；按压睛明穴或来医院求助医生药物治疗。

然而，这根本不管用……不妨吓一吓打嗝的人，哈哈。

肌肉扭伤和关节损伤

肌肉扭伤是关节运动时发生故障的结果，严重者能造成关节囊及其韧带松弛。

每处关节都可能被扭伤，最频发的部位有脚踝、手腕、脚趾和膝盖。

扭伤通常十分疼，使关节无法正常工作，有时会持续很长时间。

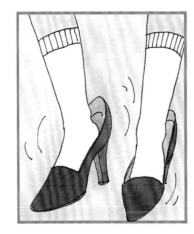

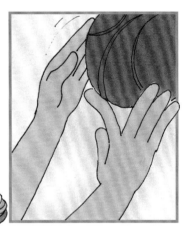

腕关节扭伤

① 用冷水敷酸痛的手腕至少 15 分钟，这样可以减少肿胀。

② 最好准备一块纸板或轻木板，将手腕固定并包扎起来。

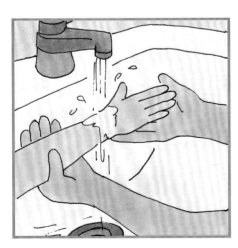
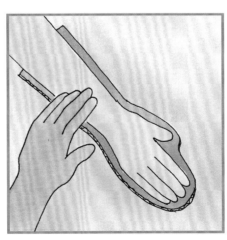
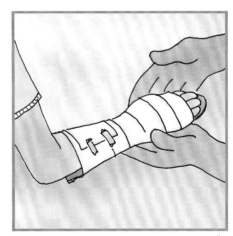

踝关节扭伤

① 用冰袋冷敷或冷水冲洗脚踝。

② 托住脚后跟，抬起腿，这样可以通过腿部深静脉排出血液。

③ 继续用医用绷带缠绕，不要过度拉紧绷带，只需固定关节即可。

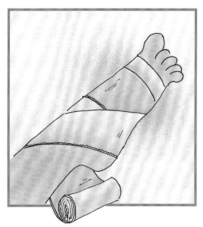  

④ 用绷带在脚趾根部绕两圈，然后裹住脚踝，再绕足底一圈。

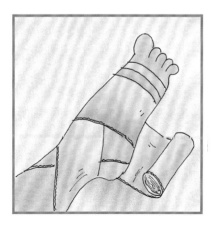 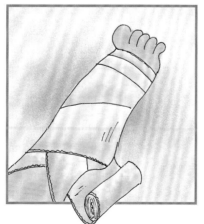 

⑤ 继续绕脚后跟一圈，接着绕回足底，再绕向脚踝。

膝关节扭伤

用医用绷带包扎之前，先用冰袋冷敷，然后从脚部开始，包扎脚踝并向上裹住膝盖，这样可以避免脚和脚踝肿胀。之后再将冰袋放在膝盖上。

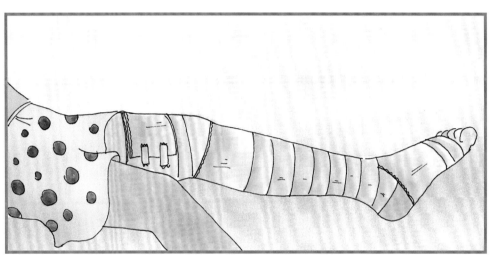

手指扭伤

① 将手指浸入加了冰块的水中。

② 准备绷带和一块纸板以固定关节，从受伤的手指开始，用绷带绕手背几圈，继续绕过手腕后回到手指处进行包扎。

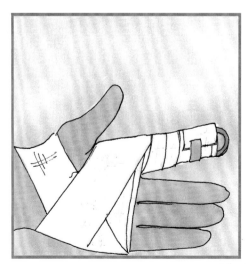

脱臼

由于骨头没有回到其正常位置，肩、肘、髋关节（幸好不常见）发生脱臼会极为不便：关节失去运动能力，被困住无法移动。此时最好立即呼叫医生或救护车。

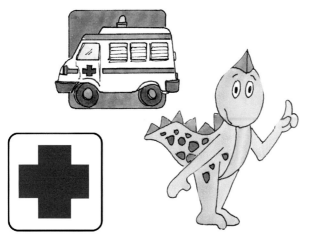

有时候，简单的扭伤可以引起强烈的肌肉防御反应（挛缩），以至于不易区分究竟是骨折还是脱臼。此时，应该当作最严重的情况处理。

骨折

骨折不会一眼就看出来，哪怕是专家也做不到。

不同组别的人群骨折的特点不同：比如儿童多发生在手腕（桡骨与尺骨）处，从树上或墙上跳下来时，他们往往用双手使劲支撑地面，于是导致骨折。老年人意外跌倒时，可能发生股骨或部分股骨骨折。

自行车骑行者从侧面摔倒，锁骨有可能骨折。

足球运动员被人从背后踢伤，常发生腓骨骨折。

无论是长是扁，只要是骨头都可能断裂。

我们的骨骼系统

骨骼就是结实的支架，没有它，我们就无法站立。这一系统由 200 多块骨头组成！以下是其中的主要部分:

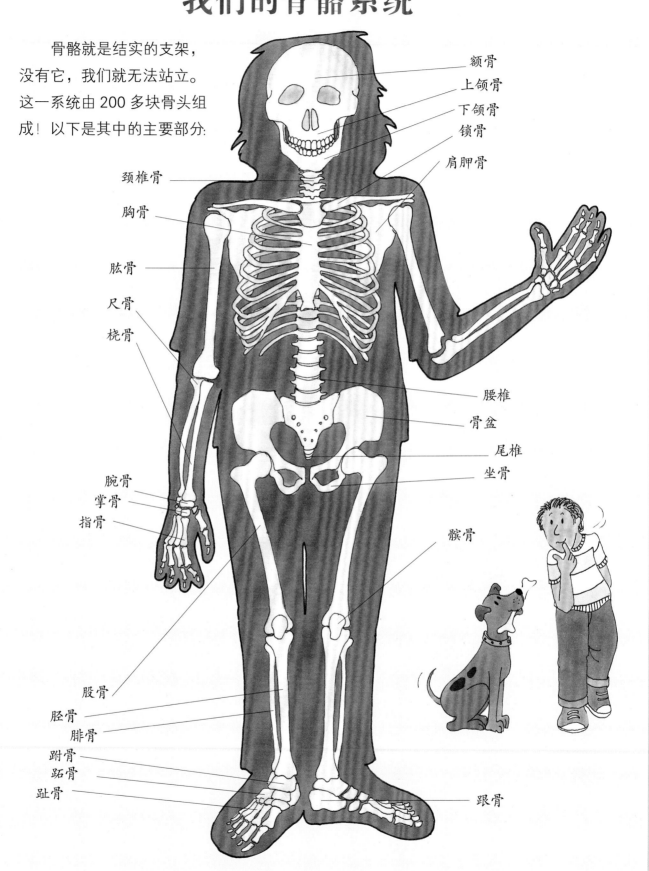

额骨
上颌骨
下颌骨
锁骨
肩胛骨

颈椎骨
胸骨
肱骨
尺骨
桡骨

腰椎
骨盆
尾椎
坐骨

腕骨
掌骨
指骨

髌骨

股骨
胫骨
腓骨
跗骨
跖骨
趾骨

跟骨

骨折的分类

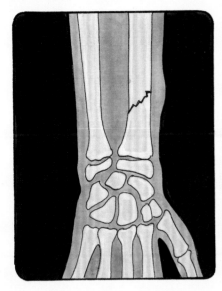

① 有创骨折，即（断裂的）两截骨头对在一起。

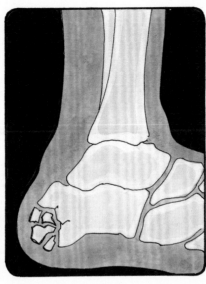

② 粉碎性骨折，即骨头断裂成几块。

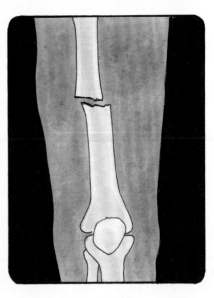

③ 移位性骨折，即断成两截的骨头发生错位。

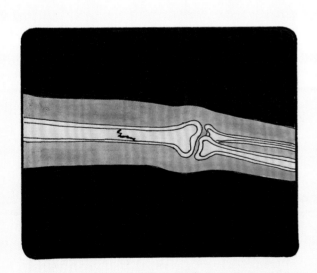

④ 青枝骨折，多见于儿童，即被称为骨膜的外层弹性较强，依然连在一起，而骨头内部却断裂了。

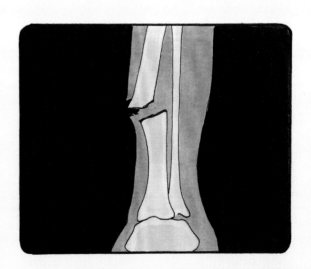

⑤ 开放性骨折，非常严重，即断裂的骨头穿透皮肤下软组织及皮肤而露在外面。

伤处肿胀、疼痛和无法活动这些迹象都表明可能骨折了：受伤的肢体已经出现异常变形。

肌肉防御性收缩以及受伤部位受到轻微压迫都会增加疼痛。

必须先将受伤的地方固定好。如果此时正在山区远足就用木棍作为临时工具；如果处于橄榄球比赛当中，就用护腿暂时固定伤处。

锁骨骨折

① 锁骨骨折必须固定肩膀。轻轻将伤员的手臂在骨折一侧的胸前交叉，在手臂和胸部之间放上防护垫。

② 用围巾或头巾支撑整个上肢，在另一侧肩膀上打结。

固定手臂

① 针对这种情况，请用围巾固定，在伤员的胸前放一些软东西垫起手臂，然后将围巾系在另一边的肩膀上兜住手臂。

② 横向固定另一条围巾，系在未受伤一侧的腋下：最好固定住肘关节和腕关节。

如果肘关节不能弯曲，请用三条围巾或绷带、毛巾直接将手臂固定在身体一侧。

固定骨折的腿

① 必须在两腿之间垫好东西，填住膝盖和脚踝之间的空当。轻轻对齐两条腿。

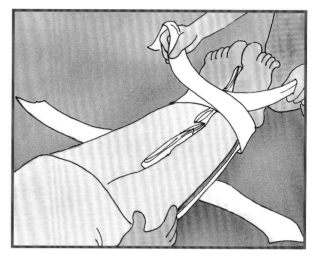

② 将绷带在脚踝和脚周围绑成8字形，并在膝盖附近绑一条大绷带。

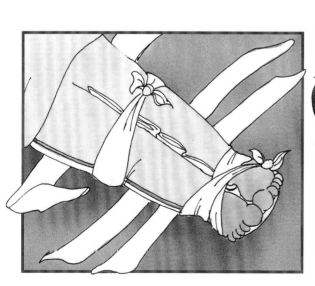

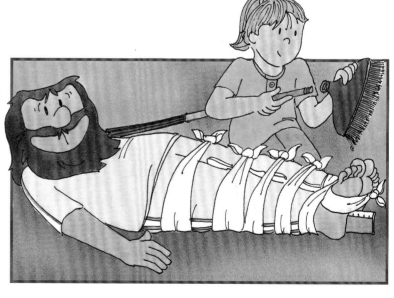

③ 为了更安全地进行固定，再系几条绷带，一条绑在腿上，另一条缠住大腿，并在骨折处的下方缠一条，注意避开骨折的位置。

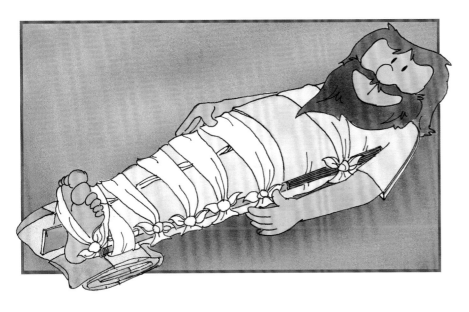

④ 在两腿之间插一块硬夹板并垫上软东西——至少从腹股沟垫到踝关节。此外，再用一块更长的夹板从腋下直到脚踝处加以固定。

⑤ 固定好下肢后可以稍微抬起受伤的腿。等待救援时，给伤员盖上毯子保暖。

股骨、骨盆骨折

让伤员仰卧，把毛毯卷起垫在其膝盖下。如果救护车无法及时赶到，用两条大绷带固定骨盆周围；在膝盖和脚踝之间垫上软东西，用绷带呈8字形固定双脚和膝盖，通过这种方式夹住双腿。

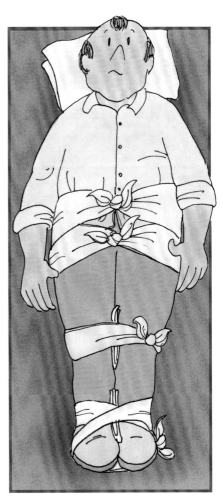

窒息

我们都听过白雪公主的故事，假如七个小矮人懂一点急救常识，很可能就不需要白马王子，他们也可以弄出卡在公主喉咙里的那块著名的毒苹果啦！

意外吞食食物和物品

玩的时候，孩子们有可能吞入大小各异的物体，尤其是玩具配件，其体积虽小，却会阻塞呼吸道。

即使食物或面包屑也可能出乎意料地堵在气管里：老年人和病人无法正常吞咽时常遇到这种情况。

异物阻塞呼吸道可是个大麻烦，必须尽快将其取出，否则人会因窒息而导致死亡。

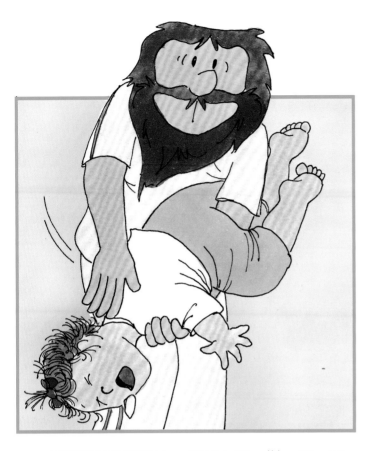

如果孩子年龄较小，则如上图一样，用一只手从小孩的双腿间穿过，勾住他的肩膀，另一只手拍打他的后背上方。

如果年龄较大的孩子以及成人发生窒息，请站在其身后，胳膊像腰带似的搂住他的腰，在胸骨下方握紧双手并用力向后和向上拉。

如果人已经失去意识，请使用之前提到过的"心肺复苏术"进行救助。

意外吞食的物体也有可能进入食道和胃，从玩具车轮、积木块到玻璃球，所有这些都可能被小孩吞下去。

如果是光滑的小东西，那就没有关系，几天后它会随粪便一同排出。口香糖也一样，几乎可以完全消化。

然而，有时吞下的物体有锋利的尖角，如钉子、螺丝、耳环、别针和挂钩，甚至睡觉时还可能把义齿咽下去。那样的话就没有什么好办法，只有到最近的急诊室，通过 X 射线，才能找到物体所在的位置。请记住，无论如何，都不要使用泻药。

请务必确保孩子不要玩带可拆卸小部件或一下子就能咬下来的玩具。

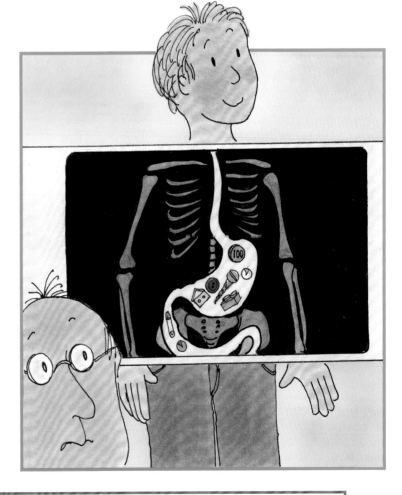

在玩具包装上一定要写清楚其中的小零件有被吞食的危险。

中毒（误食有毒物质）

有时，即使不会被切伤、刺破或发生窒息，食用的东西也同样具有危险性：有些液体和粉末就像毒药似的可引起消化道灼伤、溃疡或引起呕吐、腹痛、腹泻。家家户户都少不了这些东西，只是藏得有好有坏罢了。

正如我们已经见过的，洗衣房就是有毒物品的储存室，从普通的液体洗涤剂到最精细的盆景杀虫剂都是有毒的。

误食家用有毒物品的情况相当常见。

请不要让儿童接触带有这些标志的物品！

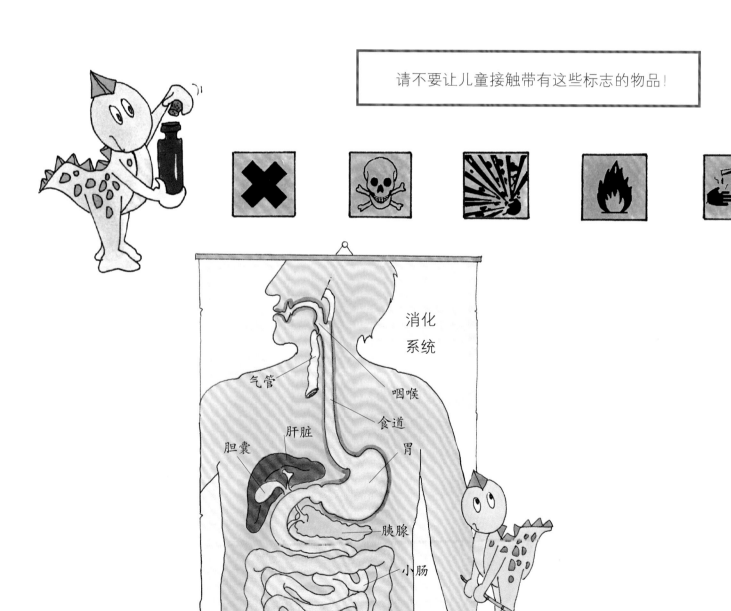

消化系统

气管

咽喉

食道

胃

肝脏

胆囊

胰腺

小肠

大肠

误食家用有毒药剂是常有的事。尤其是对于儿童来说，大人们往往很难准确地知道孩子吞下的是什么东西以及误食的剂量。但摄入的剂量几乎不会过大，因为这些药剂会立刻刺激口腔，即使是婴儿也能马上停止食用。无论误食何种东西，都不要引导误食者呕吐，而应咨询医生，并不要再进食，要携带误食物品的瓶子或袋子来医院就诊。

无论误食何种东西，请不要引导误食者呕吐！

在家庭清洁用品中，有很多腐蚀性物质，如漂白剂、氨、盐酸、烧碱、甲酸。误食它们时，可试着用大量水稀释有毒物质。

如果误食粉末或液体洗涤剂，请多喝水、果汁或牛奶。

如果误食去污剂和三氯乙烯、丙酮等溶剂或松节油等精油，也需多喝水。

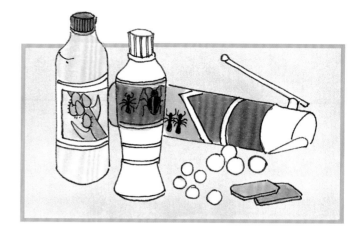

误食农药或杀虫剂，请多补充液体，马上就医，并带上瓶子和说明书。

误食化妆品引起的损伤可以忽略不计，只有含氨的染发剂除外（它的损害与腐蚀性物质相同，要喝水）。有些香水含有酒精（乙醇），同时葡萄酒和烈性酒也有酒精，可引起轻度中毒。

药品中毒

请避免儿童接触药品！将这一点写在所有药品包装上：片剂、胶囊、糖浆、点滴、栓。虽然没有毒性，但许多药品如果大剂量服用也会变得危险。有些药的颜色和香味非常诱人，如果孩子拿到会误以为是糖果或饮料。房子里总有药品，往往也少不了高高的柜橱，要让药品远远避开那些好奇的小手！

但偶尔，他们翻抽屉或钱包时会发现……

请不要让儿童接触！

有些药品儿童和成人都可以服用，但剂量却不同。过量服用将引起严重问题。以下是最常用的药品所含成分及过量服用导致的后果：

● 乙酰水杨酸（包括阿司匹林等），可能导致胃出血、头痛、头晕、恶心、呕吐。成人剂量是儿童的两倍。

● 乙酰氨基酚（包括泰诺等），它比阿司匹林更安全，但高剂量时仍可引起相同症状。

● 阿莫西林是一种广谱抗生素，大剂量服用可引起头痛、恶心、皮肤红疹、休克。

● 苯巴比妥（包括安定，都是精神控制类药品）是成人镇静药，可能引起嗜睡、昏睡、昏迷。

● 地高辛（强心素）是一种强心剂，即便成人使用都非常危险，所以需定期检查患者的血药浓度。它会引起心率变化。

● 氟化物等，这类药品广泛用于预防龋齿，可以每天服用一小片。过量服用将引起呕吐、腹泻、胃痛。

● 孕激素（敏定偶、美欣乐等）型避孕药，有些妈妈粗心地将其放在自己的钱包里。如果只是误服2~3片，还可不必着急。过量服用，则皮肤上会出现红疹、荨麻疹。

● 苄达明（炎痛静、炎痛静水溶剂）是消炎药物，作用同乙酰水杨酸。成人剂量至少是儿童的两倍，无论何时儿童都不应服用！过量服用会引起出汗、恶心、发抖等症状。

关于药品

有时为了快点康复，人们喜欢吃药，这是可以理解的。然而，有些情况并不需要吃药，尤其对于儿童来说，药物甚至会造成伤害。比如，抗生素对流行性感冒等病毒引起的疾病没有效果：抗生素是用来对付细菌（如引起肺炎、支气管炎、咽喉炎的细菌）的，使用不当会使其在必要时失去效力。

所以请注意：抗生素不治感冒！

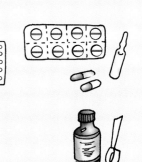

即使我们不知道是否误服药品以及剂量多少，也最好不要一直等到出现中毒症状（轻微表现如恶心、胃痛，严重反应如呕吐、荨麻疹、休克）才加以重视，请尽快给医生打电话或去急诊室就诊。

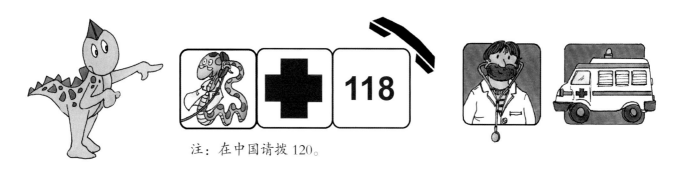

注：在中国请拨 120。

还可致电中毒控制中心，那里 24 小时开放，总能找到人告知你各种物质的种种有害反应，并提出最好的解决方法。

以下是意大利最重要的疾控中心的电话号码。

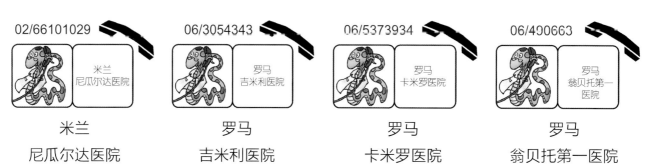

02/66101029	06/3054343	06/5373934	06/490663
米兰 尼瓜尔达医院	罗马 吉米利医院	罗马 卡米罗医院	罗马 翁贝托第一医院

食物中毒

有时人们可能在报纸上看到，由于吃了餐厅的变质食物，整个学校都发生食物中毒。

说不定饱餐一顿后，也许由于吃得太快，朋友或亲戚感觉不舒服：这可能只是消化不良，然而如果出现恶心、呕吐、腹泻，就不能排除食物中毒的嫌疑。最好咨询医生，但也可以采取以下措施。

如果出现胃痛和腹泻：

让病人保暖，喝水或茶；不要吃任何固态食物：吃固态食物不会像民间流行的说法一样缓解腹泻。检查病人是否发烧。

如果出现腹痛和呕吐：尽量避免进食，避免因胃肠道溃疡、梗阻等其他疾病导致病情加重，应来医院就诊。

如果病人感觉口渴（因为呕吐而失去大量的体液），可以喝一些水，建议小口呟吸或用勺子喝。发烧时注意控制体温。

无论何种情况，尽量了解病人吃过的食物，如果可以，检查吃剩下的食物——预先包装、保存不当或不熟的食品，以及未洗或没洗干净的蔬菜和水果都能致人中毒。

预防中毒的重要标准

① 记住检查包装上食品的保质期，仔细查看包装是否完好：盒子和袋子上的裂缝开口、罐装商品上的锈迹或者异常凸起都说明食品储存不当。这样的食品全都应扔掉！

② 肉、鱼和蛋类烹制时应熟透，牛奶煮沸比较好，进过冰箱的蔬菜和罐头食品应加热后再吃。

③ 仔细清洗蔬菜，吃水果要削皮，做饭和进餐前应洗手。

细菌通常是引起食物中毒的原因，如弧菌（霍乱）、沙门氏菌（伤寒）、金黄色葡萄球菌、肉毒杆菌等。

霍乱

　　霍乱是一种恶性疾病，在 20 世纪导致数百万人患病。特别是食用与污水接触的贻贝、蛤蜊等海鲜的人易被霍乱弧菌感染。霍乱的传染源是病患和健康带菌者通过粪便排泄出的弧菌，它们可以弄脏床单和日常物品。就连苍蝇也可携带弧菌。因此必须保持卫生清洁。

沙门氏菌病

　　除了较为严重的症状（伤寒和副伤寒），沙门氏菌病的典型症状还有发热、疲劳、头痛、出汗。沙门氏菌会带来消化道疾病，引起恶心、呕吐和腹泻，导致流行病的暴发。细菌不仅能直接感染水、肉类、牛奶和奶制品，还有用受污染的水冲洗的水果和蔬菜。沙门氏菌通过病患或健康带菌者的粪便排出。

金黄色葡萄球菌

金黄色葡萄球菌生成的毒素在食物内积累，一旦被人体吸收，将引起腹痛、呕吐和腹泻。正如我们已经讲过的，它在皮肤或者鼻子和咽喉黏膜上只是一位无害的客人。厨房里干活的人会在不知不觉中污染食品（蛋液、冰淇淋、蛋黄酱、牛奶、肉丝、肉糜卷），因此在食品行业工作的人必须接受黏膜葡萄球菌检测。

肉毒杆菌

肉毒杆菌中毒非常危险，因为食用受污染的食物几个小时后才会出现症状。它是由一种被称为肉毒梭菌（破伤风杆菌的近亲）的细菌生成的毒素引起，没有典型的呕吐和腹泻症状，但会出现进行性麻痹，不幸的是，病发后没有补救措施。

这种毒素主要污染没有严格遵守灭菌处理的自制罐装水果和蔬菜，但也可能出现在工业生产的食品里：被挤压变形的锡罐必须丢弃。

找到了吗？就连你们的爷爷奶奶他们想留卜的从超市买回来的可疑罐头都得扔掉。

消化不良

　　幸运的是，胃痛和呕吐最常见的原因是大快朵颐后单纯的消化不良，或者吃完东西后立刻暴露在寒冷的环境里。事实上除了感觉胃痛，它甚至还能引起腹泻。

　　在温暖环境中好好休息可以治疗消化不良。一条舒适的毯子比有名的（却无用的）小苏打水管用多了。

　　非常好，小皮。

　　现在，我们可以稍微休息一下：你坐在椅子上放松……不过，小皮，你怎么睡着啦？我还有话要跟你说……

你吃的各种东西最终都进入胃：胃就像一个空袋子，只要吃下东西它就会增大。胃内壁的腺体能产生胃液：这种液体将摄入的食物分解变小。经过消化后，胃打开阀门，食物通过肠道，肠道内数百万小突起——小肠绒毛吸收营养，并将营养输送到身体的血液里。请善待你的胃！

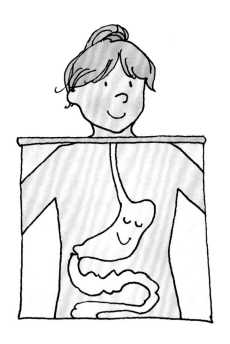

① 如果不知疲倦日夜不休地工作，你会有什么感觉？即使胃也需要休息：不要没完没了地吃糖果、甜食和薯片，该吃饭时再吃东西，不要暴饮暴食，晚上吃些清淡的食物。

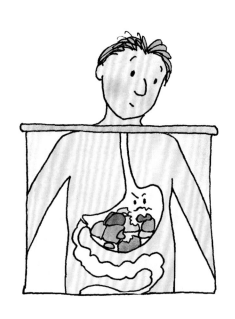

② 慢慢吃，在吞咽前细嚼，胃里可没有牙齿……

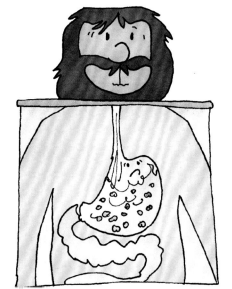

③ 吃饭时不需要喝很多水：水会稀释胃液并将其冲走，所以胃需要更长时间完成工作，因为它必须一直产生胃液。相反，白天多喝水非常重要，至少 7 或 8 杯水，因为身体需要净化。不要喝冷水，最好不喝带气泡的水！

营养

如果想让身体变得强壮健康，可以遵循以下规律，听听我们的建议：第一，正如我们刚刚讲过的，正餐之外不吃零食；第二，不要一次吃太多。三顿主餐外加两餐茶点：早餐、午餐和晚餐，加上上午点心和下午点心。两餐茶点和主餐一样重要：这样有助于控制食欲，午餐和晚餐时不会由于太饿而吃得过饱。

睡觉醒来，身体需要能量才可以保持良好状态：早晨上学前要吃一顿丰盛的早餐，如果不吃早饭，大脑运转得慢，你会有跟不上课程的危险了……

上午吃一些水果或者喝点酸奶。

中午美美饱餐一顿，但不要吃撑了……

下午的茶点可以来些水果，不过面包和果酱也不错，尤其在大量运动之后。

晚餐准备清淡的食物，睡觉所消耗的卡路里非常少！

请记住吃完东西要刷牙！

食物金字塔

食物金字塔包含了所有食物，摄取丰富多样的食物十分重要：肉、蛋、鱼、奶酪、蔬菜、意大利面、大米、牛奶，甚至甜点。但千万要注意，每种食物的摄取量和次数并不相同！食物金字塔底层（即最宽的部分），这里的食物需要天天吃，吃的量也最大。逐渐升到金字塔顶层（即最窄的部分），所需食物的摄取量和次数都要减少。

几乎所有食物都含有足够的糖（牛奶、水果）和盐（奶酪、香肠，甚至在蔬菜中以钠的形式存在），因此再加糖和盐就有害而无益。

恰当时加入少量调味和烹制时用植物油（尤其是橄榄油）最好。

甜食、含糖饮料、咸味零食和薯条应该少吃。

每月食用

肉、鱼、豆类、奶制品和鸡蛋含蛋白质的同时，也有脂肪和胆固醇，因此一周之内食用每一类食物不应超过三次。

每周食用

谷类和马铃薯含有碳水化合物、蛋白质和纤维，应该每日食用。

每日食用

水果和蔬菜富含水分、纤维、维生素和矿物质，应该大量食用。

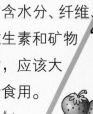

糖尿病

　　我们的身体需要一种能量，它广泛存在于食物中，这就是糖（葡萄糖）。糖随血液循环并被细胞摄取，然后发挥其维持生命的功能。

　　有时，细胞无法从血液中摄取正常的糖分，糖在血液及身体中积存下来。而有时，由于长时间异常负荷导致过度消耗，就没有足够的糖分供给细胞。

　　血液中的糖过量或不足均可对身体造成重大损伤。

　　这是一种特殊的疾病，因为患病的人中很多人从尿里面发现多余的糖分而叫糖尿病，由于患病前期比较隐蔽，症状不典型，不易被发现。

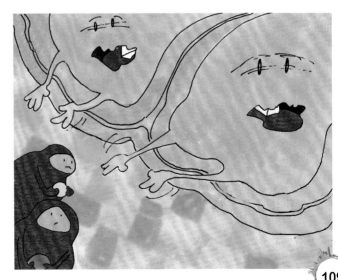

如果血液中的糖含量过高，病人会表现出嗜睡、皮肤和口舌干燥，甚至思维混乱。如果发生这种情况，请打电话通知私人医生或将病人送到最近的急诊室就医。

如果病人出现动作不协调、胡言乱语、发抖并出汗的症状，也许是因为血糖不足。打电话咨询医生，与此同时让病人吃点糖或喝糖水。糖尿病人如果病情严重，应在口袋里常备一张卡片，说明病情以及出现异常症状时的联系人（详见下方解释）。

糖尿病人应在口袋里常备一张卡片（如下图所示），说明其所患疾病，同时列出紧急情况下应采取的救助措施。

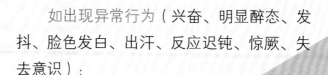

我是糖尿病患者

如出现异常行为（兴奋、明显醉态、发抖、脸色发白、出汗、反应迟钝、惊厥、失去意识）：

请给我服用糖水或其他含糖饮料。

请帮我呼叫医生或将我送往急诊室。

避免过瘦或过胖

　　每天所需的进食量取决于每天的活动量：如果你不喜欢运动，就不需要太多卡路里，但如果经常跑步，大量运动，你会消耗很多能量，可以吃得比整天坐着或躺着的人多一些。人体摄入的能量没有消耗的部分会以脂肪的形式贮存起来。千万不要认为胖或者瘦只是美丑的问题，比如，超重意味着更容易罹患循环系统疾病、呼吸系统疾病和癌症。

　　肥胖的成因很多，非常复杂，但其中最重要的是不良饮食习惯和久坐少动的生活方式，所以一定要小心，不仅要在意吃什么，还应关注怎样吃和什么时候吃，同时留心自己坐着不动的时间长短。

　　只在正餐时间进食，限制甜食、薯条和甜味气泡饮料的摄入，应该多食用水果和蔬菜，偶尔关掉电视和电脑，在室外好好跑一圈！

疾病

　　摄取的食物会对疾病产生重要影响，因为其中的化学物质已经被人为改变。比如大甩卖时，相比应季产品，不应季的蔬果含有更多化学药剂，因为大棚里种植的蔬果更容易遭虫害。很多不应季的水果是从遥远的国家进口，这些国家的杀虫剂和化肥使用不规范，为防止运输途中变质，它们又经过进一步处理。

　　尽量购买当地产的应季蔬果，如果条件允许，就买附近产的，这也许是避免摄入过多有毒物质的第一步。

蘑菇中毒

有个别品种的蘑菇食用后会引起致命的中毒反应。最恐怖的当属伞形毒菌，它在树林中十分常见，并且常有人因鲁莽地采食而亡：大多数蘑菇中毒正是这种有毒真菌所导致的。

此外还有一些不太常见或者只生长在部分地区的蘑菇也可致命，其中包括：白毒鹅膏菌、鳞柄白毒鹅膏菌、褐鳞小伞菌和丝膜菌。这些蘑菇致命的毒性发挥作用非常慢（食用后8~40小时）。中毒最初表现为呕吐、腹泻、大汗、小腿痉挛、寒战，必须紧急用药治疗。

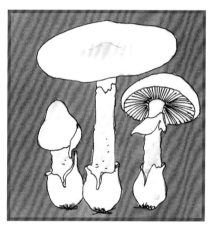

注：在中国请拨打120。

毒蝇鹅膏菌

魔牛肝菌

然而，也有几种不会致命的有毒菌种：毒蝇鹅膏菌（童话里经常被提及）、豹斑毒伞、魔牛肝菌、各种丝盖伞。

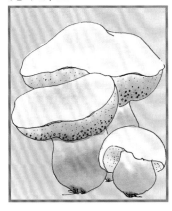 

美味牛肝菌

大多数蘑菇都可以食用，然而，有些不被人喜爱，有些品质欠佳。美味的蘑菇中，我们会想起可食用的牛肝菌和橙盖鹅膏菌，还有其他品种的牛肝菌，味道也非常鲜美。

然而，请尽量避免过多或者过于频繁地食用蘑菇。

如果不认识蘑菇，千万不要吃：食用前，务必请专家鉴定。

最好的建议是如果不认识蘑菇，千万不要吃！

如果不确定是否可以食用，请专家鉴定。当地的卫生服务部门都有经验丰富的人可以帮忙区分无毒蘑菇和有毒蘑菇。

如果你的朋友吃完蘑菇后感觉不适，一定不能排除最坏的可能性。

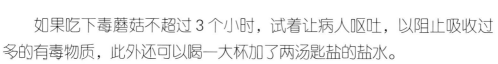

如果吃下毒蘑菇不超过 3 个小时，试着让病人呕吐，以阻止吸收过多的有毒物质，此外还可以喝一大杯加了两汤匙盐的盐水。

用压舌板（也可用勺子）刺激以引发呕吐，医生看喉咙时也经常用这种方法。

尽力查明食用过哪种蘑菇。为了安全起见，尽快将病人送往医院。

有毒的植物

　　孩子往往会被色彩鲜艳的浆果吸引，想尝一尝味道。婴儿渴望品尝各种东西，有时还会吃房间里植物的叶子。

　　误食某些种类的植物（包括森林植物、园林植物和室内植物）会引发过敏反应，甚至导致严重中毒。遇到这种情况时，最好咨询医生。

　　我们看看这些例子吧。

　　紫杉、茄科植物的浆果，常春藤和泻根属植物的浆果，女贞树叶及种子，冬青种子，蓖麻子和月桂树种子都有毒。

千万要当心夹竹桃，它的各个部位都有毒，还应注意金链花，其种子和花都有毒。

杏、桃、李子、樱桃的种子含有氢氰酸：品种不同，含量从 5 到 25 微克不等。氢氰酸非常危险，特别是对儿童来说。

家里经常有花叶万年青、榕树和喜林芋，这些植物的茎和叶都有毒，而且极易刺激嘴和眼睛。

如果被刺激到，可以清洗受刺激的身体部位，用冰敷缓解，但是最好打电话咨询医生或去急诊室就医。

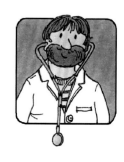

燃气中毒

啊啊……小皮！你戴上了旧防毒面具，真逗！你在哪里找到的？阁楼里吗？我想起来了，虽然不再打仗，可还得对付燃气……

以下气体通常会导致中毒：丙烷，丁烷，沼气，一氧化碳。

燃气泄漏：丙烷和沼气

本书一开始，我们就说过燃气的问题。丙烷（LPG）或沼气等易燃气体意外泄漏的情况并不少见。不幸的是，人们总因粗心大意、操作错误而引发此类事故。燃气通常用于燃气灶、热水器和锅炉，它除了有引起爆炸的危险外，还可以导致中毒死亡。请记住，丙烷气体比空气重，往往聚集在房间下方，贴着地板；而沼气，比空气轻，会升上天花板。两者都有明显且不易错认的气味，一旦闻到，请立刻呼叫救援！

注：在中国请拨119。

进入充满燃气的房间采取缓解措施之前，最重要的是确保你能顺利离开危险区域：首先找人留在室外，以便遇到麻烦时能迅速将你带离险境。

如果闻到燃气味，
请勿按门铃。

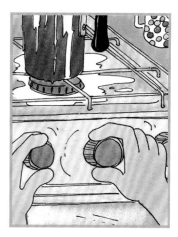

不要按门铃，不要开灯，那样会引起爆炸。进入房间后，立刻打开门窗，让新鲜空气进入房间。尽快找出并切断泄露源。

只有完成能做的一切后，才可以照顾中毒者。他也许已经失去意识，无法配合救助。如果还能自主呼吸，将其调整到安全体位，如果呼吸已停止，立即实施心肺复苏术。

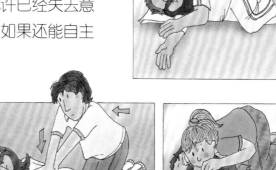

一氧化碳

一氧化碳是一种无色无味、易燃烧的非常危险的气体，可迅速致命：它会取代氧气与血液中的血红蛋白稳定结合。

火焰在封闭的环境中燃烧时，氧气耗尽后生成一氧化碳：以木炭为燃料的加热器、火炉和炭火盆，烟囱通风不良的燃气锅炉都可引起中毒。人们不易发觉中毒，因为最初只表现为轻微的头痛和嗜睡。就连汽车尾气也含有一氧化碳，在封闭的车库里，持续运转的汽车发动机会变成致命的武器。

一氧化碳的夺命原理

血红蛋白存在于红细胞中，负责捕获从外界吸入的氧分子，再通过循环系统将氧气运输给全身的细胞。释放氧气的同时，血红蛋白还会带走二氧化碳并将其送到肺部以排出体外。

一氧化碳能与血红蛋白结合并且极为稳定，其亲和力比氧气高 200 倍，因此血红蛋白无法再运送氧气，也不能交换细胞内的二氧化碳。没有氧，细胞将会死亡。

如果觉察一氧化碳泄漏，千万不要单独行动，必须确保有人可以及时协助救援。防毒面具或过滤器都没用：封闭的环境中几乎完全没有氧气。

① 尽快将中毒者转移到通风良好的地方。

② 如果他能自主呼吸，将其调整到安全体位；如果呼吸和心跳已经停止，立刻开始心肺复苏。第一时间打电话呼叫救护车。

最好去开阔的地方呼吸呼吸新鲜空气！只要不是住在城里（比如大城市甚至市中心），而且不是久未下雨非常寒冷的冬天（哪怕是冬季气温最高的时候）就行，因为在这些情况下，想呼吸到新鲜氧气非常非常难……

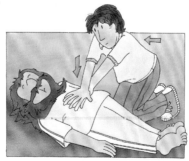

空气

　　当空气里含有可以损害健康的物质，就表明它已经受到污染了。有些是自然污染源（火山爆发、森林火灾、有机物腐烂）引起的，但如今空气恶化的主要原因是人类活动：工业、交通、家用取暖、垃圾处理、发电等，不胜枚举。现在，只要空气中所含的有害物质比较有限，还不危及人体（也许吧……）就算是干净的。我们还能够聊以自慰。

　　现在，相关部门会在城市的固定位置安装探测有害物质（二氧化硫，氮氧化物和碳、铅颗粒等）浓度的检测器。每24小时（即在一天结束之前），计算机将收集的所有数据进行分析，并据此预测第二天的空气状况：每天，城市污染物含量相当于前一天的污染物加上城郊工业区每天产生的污染物，以及市内日常生活直接产生的污染物，此外还要考虑风力和风向、湿度和温度的影响。持续晴天和少风会造成城市污染水平（雾霾）上升，因为灰尘和其他有毒物质会停滞在建筑物和街道之间，无法扩散到大气中或者随雨水落到地面。当汽车尾气和供热系统造成的污染物浓度超过允许范围时，将严重损害人体健康：许多城市会采取紧急措施，比如限号出行；如果是冬天，还会强制关闭家用取暖设备。

空气污染越来越严重了，我要多吸点氧。

讨厌的昆虫及其他动物

小皮，你真走运，住在山上，还能去花园里好好地呼吸呼吸新鲜空气！不过，要当心，花园是许多小动物的王国，它们可不是完全无害的：蜘蛛、蚂蚁、蜜蜂、黄蜂、大胡蜂、马蝇、蚊子……

昆虫和蛛形纲动物的刺

蜜蜂、黄蜂、大胡蜂等昆虫有刺，这本来是一种防御性武器，事实上，它们几乎不会主动攻击人类，但它们不可能总分得清你是否想伤害它们。也许只是从它们的巢穴附近路过，你甚至压根儿都没看到巢穴，或者只是伸手摘一朵花……有时，这足以唤醒它们的好战意识。

通常昆虫叮咬会引起疼痛和红肿，这是由于叮咬时被注射了强碱性物质。

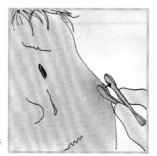

可以试着用镊子夹住并拔出刺，然后在痛处敷上冰或冰袋。

在两种情况下，被蜜蜂、黄蜂和大胡蜂蜇伤会非常危险：

① 被很多昆虫蜇在喉咙附近，肿胀引起呼吸困难。吮吸冰块可以减轻疼痛和肿胀。

② 被蜇伤的人对昆虫注入的物质过敏，在这种情况下他有休克的危险。无论蜇在什么部位，将其调整到抗休克体位。

如遇这两种情况，必须立即将人送往最近的医院。

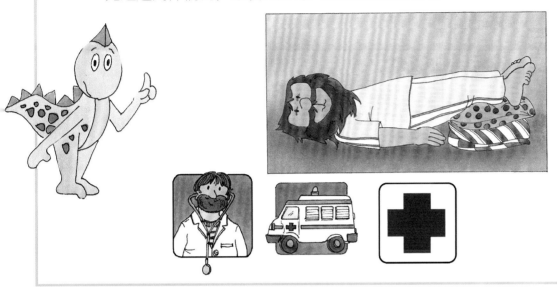

马蝇是一种大个头的苍蝇，它们喜欢出现在有家畜（马、牛等）的地方，喜欢将动物叮咬出血。有时它们在水池附近。被马蝇叮咬后会非常疼，十分难受，受伤部位肿胀的程度也十分惊人，但好好休息、敷上冰和可的松软膏就能治愈。

有些昆虫不蜇人却会刺激皮肤，因为它们能分泌刺激物，比如，有些毛毛虫的刺毛，触摸了它会引起局部过敏。

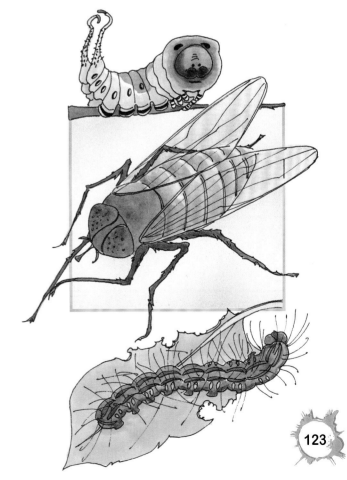

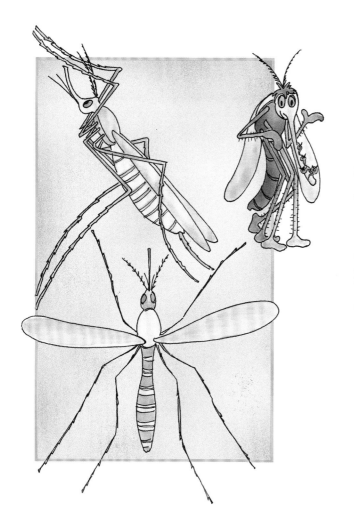

蚊子非常惹人讨厌，但通常要解决被叮咬的麻烦只需用手挠一挠。有几种特别的蚊子是例外：一种是虎斑蚊，曾经生活于热带但如今遍布欧洲；还有一种是按蚊，它们会传播两种危险疾病：利什曼病和疟疾；还有一种埃及伊蚊，可传播黄热病。

然而，这些蚊子只是致病细菌（通常为原生动物）进行传播的媒介：它们吸食动物或病人的血液，将细菌传给被其吸血的人，使其成为传染疾病的载体。

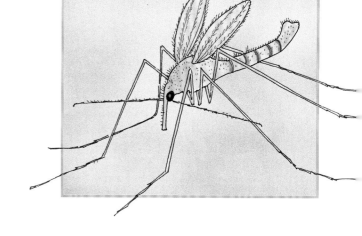

白蛉这种会飞的昆虫名字听起来非常善良，却是疾病白蛉热的载体。虽然这种病不严重，但它犯的罪却和蚊子一样。

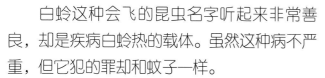

当环境条件变差时，虱子可以引起严重的发热流行病。个人卫生对防止虱子的扩散尤为重要。

虱子甚至可以在小社区局部传染开来，比如幼儿园和学校，但通常不会特别危险。头虱喜欢头发，有头虱需要彻底消毒，专用药物在药房有售。

跳蚤这种昆虫是以吸血为生的动物寄生虫，还会叮咬人并传播疾病。

蜱属于小型蛛形纲，寄生于狗、羊、猫（很少见）等动物身上，但它们还会咬人：比较轻微的叮咬能引起疼痛不适并造成瘀伤。通常冷敷、休息、涂抹可的松软膏即可治愈。有时，被蜱叮咬会引起过敏反应，甚至后果比较严重。若有疑虑，最好咨询医生或去急诊室就医。

世界各地都能见到蝎子的身影，其品种超过 600 种，其中 50 种可引起严重反应，有时甚至能致人死亡。最危险的蝎子生活在非洲、印度、美国中南部、墨西哥、以色列和意大利。普通蝎子呈棕色，体形小，可致人肿胀、发红和疼痛。

有时就连蜘蛛也会咬人，虽然这种情况不常见，伤者通常也能自愈：肿胀和发红的症状几小时内就会消失。间斑寇蛛却是个例外，它和著名而恐怖的黑寡妇是近亲。我们比较走运，因为黑寡妇更喜欢生活在美国。

欧洲的盗蛛是一种体形较小的蜘蛛，其大大的黑色背部上有13个亮红点，凭此特点即可辨认。人被这种盗蛛咬后感觉非常疼痛，可能导致严重的过敏反应。然而，意大利卫生研究院的寄生生物学系拥有专门治愈这种毒素的血清。若有人怀疑被其叮咬必须迅速送往医院。如果情况非常严重，应该尽快实施心肺复苏术。

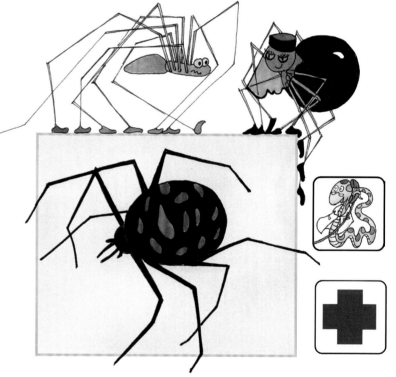

狼蛛是一种体形较大的多毛蜘蛛，被其咬后几乎无痛无伤，但可引起局部炎症。神经系统会因咬伤而出现幻觉（圣维特斯舞蹈病），最终发展成瘾症性反应。

宠物咬伤

幸好这个花园里没有狐狸、松鼠、睡鼠、黄鼠狼之类的。

你想要被墨西哥小公鸡或兔子猛烈攻击，这可需要运气！这儿没有流浪狗，还不错，但会有客人带来的狗！啊，可爱的小狗毛茸茸的，尾巴卷卷的，它多可爱呀！哇！

这只狗应该像各类狗（警卫犬、导盲犬、猎犬和观赏犬）一样接种疫苗，以预防一种非常危险的疾病：狂犬病。幸好，它接种过！狂犬病是一种潜在的致命疾病，需要医生及时治疗。如果被疑似患有狂犬病的动物咬伤，必须立即接种狂犬病疫苗。虽然这次不会有危险，但被狗咬仍然会受伤。你还记得需要怎样处理吗？

① 用肥皂和水仔细冲洗伤口，用纱布压住伤口止血。

② 用过氧化氢认真消毒。被动物咬伤，会留下深深的创口，会有感染的危险，其中还包括感染破伤风。

③ 受伤处绑上绷带加以保护。冰敷可以缓解疼痛。有时，如果伤口很大需要缝几针，应该前往急诊室就医。

被某些鸟的啄啄伤可能会留下疤痕。除了伤口疼痛以外，和被任何种类的宠物咬伤一样，唯一的危险是重复感染。啄伤愈合快，不留痕迹。公鸡却是例外，它长着锋利尖锐的后足刺。被它用这种"弹簧刀"似的后足刺袭击会造成严重伤害，需要就医缝合。

"下水道里的老鼠！"

在体育场，"过激"球迷之间互相辱骂时常常用这个词。事实上，这种称呼非常不礼貌：老鼠（学名褐鼠）确实是坏透顶的家伙。它比有的猫还高大，生活的地方绝对不卫生，被其咬伤（这太糟糕了！）和接触老鼠粪便都可以传染恶性疾病。由于它们生活在下水道里，所以难得一见，只有某些工人才会接触到。被老鼠咬伤应消毒，当作疑似感染病毒或带有细菌的撕咬伤处理。显然，这种情况需要去急诊室就医。

田鼠和家鼠几乎是完全无害的，其个头小巧，甚至还挺可爱。它们几乎不会咬人。如果咬了人，必须给小伤口消毒并就医，因为有可能重复感染。

这样看来，猫是我们最好的盟友。但如果被它抓伤，猫也会沦为敌人。它可以传播一种病毒性疾病，就叫猫抓病。还是好好消毒吧……

野生动物咬伤

炎炎夏日，漫步林间再惬意不过，凉爽、清静，还有黑莓、树莓、蓝莓、蘑菇……但是小皮，此刻千万别像到海边似的去灌木丛或茂盛的草间探险，不要穿凉鞋、木屐或拖鞋，或许这里和鲜花遍地的百慕大群岛挺相似。我们需要穿合适的服装与鞋子：衬衫或长袖 T 恤、厚帆布裤子、高筒靴或橡胶靴。森林的地面不平，满是荆棘，还有昆虫、蜘蛛等野生动物，现在这样就好多了！

现在，当心啦，即使森林里遇到熊、狼和狐狸的可能性几乎没有，但不难碰上一条毒蛇……是的，我说的就是毒蛇，那可真是很危险。

毒蛇从来不主动攻击人类，但如果不小心踩到或吓到它们，那就会成为它们进攻的目标，所以哪怕太阳透过树枝照得树木美不可言，还是要当心脚下！千万留意坐的地方！毒蛇喜欢石头多的地方，当人们在山林间徒步旅行时，它会与人离得很近。

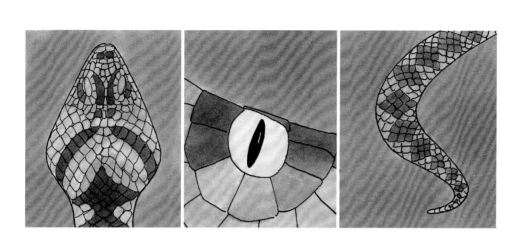

毒蛇的头呈三角形，眼睛发黄，瞳孔是一道竖直的黑色窄缝，有点像猫的眼睛，长着一条真正意义上的尾巴，尾部明显可见猛地变细。

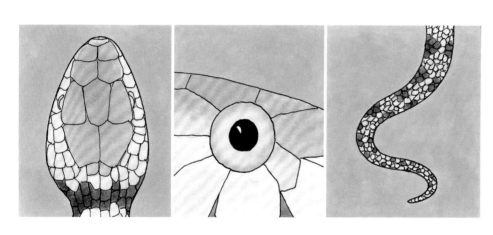

草蛇的头较圆，长着黑色的圆眼睛，边缘呈黄色或粉红色，但没有真正的尾巴，尾部逐渐变细。

蛇不会总是被杀死或让人看得清清楚楚，因为这些带子似的家伙很快就消失了，然而咬过的痕迹足以证实这是爬行动物所为。

毒蛇会留下两排几乎平行的小点，最后两个点最明显，这是毒牙的标志。

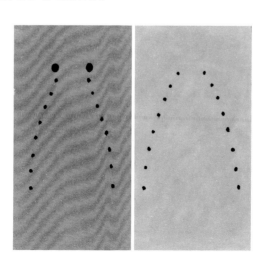

草蛇则会留下两排较小的点，呈塔尖形，对应嘴的形状。

① 安抚伤员。情绪兴奋和跑步等肌肉运动会增加血液循环速度，使毒液迅速扩散到全身。

② 在伤口以上约5厘米处，用止血带或皮带系紧，阻止血液和淋巴液流回心脏，虽然这样不足以完全阻断循环。

③ 用锋利的弹簧刀割破伤口使毒血流出，割一道口子连起两个较大的牙印，口子约半厘米深。

不要吸血，如果条件允许，可用专用抽吸器。应寻求救助，尽快将被咬的人送往设备齐全的医院治疗，他将获得专用抗蛇毒血清。

如果咬人的不是毒蛇，伤口为普通撕裂伤，应进行清洗、消毒，用纱布保护伤口。当然，肯定要赶紧去急诊室就医！

我们极少遇见并打扰野生动物，惹得它们咬人。动物发起攻击只是出于恐惧或自我保护。然而，如果真的碰上狼、狐狸、黄鼠狼、蝙蝠、貂鼠，还有松鼠、睡鼠和野兔，如果被撕咬而受伤，应认真考虑感染狂犬病和破伤风的危险。

去急诊室咨询一下，大家都更放心，未来不必忧虑。

我们经常在世界上最美丽的海洋纪录片中看到水母，它看起来好像优雅的舞者，但如果偶然摸到它们……哎哟！水母分泌的物质会灼伤皮肤，造成一级烧伤，需要接受治疗。

海胆：粗心的游泳者有可能踩到它。被刺伤后非常痛，通常易引发感染。

受伤后最好咨询医生。在此期间，冰敷被刺破的伤口并对表皮进行消毒。

被螃蟹夹伤非常少见，但有时还是会发生。在这种情况下，最好打电话咨询医生，防止重复感染的危险。

烧伤

　　烧伤是由物理因素（如热、电、太阳辐射）或化学因素（碱性和腐蚀性物质）引起的组织损伤。

　　决定烧伤严重性的条件有：深度、范围、位置、造成原因。

   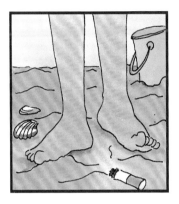

烧伤根据深度可分为三个程度。

不管程度如何，烧伤可以根据范围和位置分为轻度、中度或重度。范围按照全身体表面积计算百分比。如果面积比手掌大且不是表面烧伤，或是由电流引起，就需要看医生。

烧伤面部、手脚、生殖器一般被认为是严重烧伤。

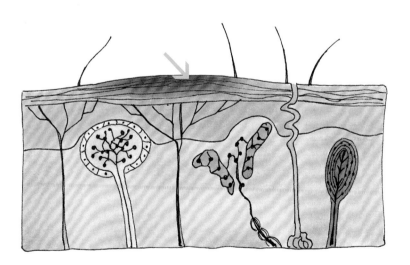

一度烧伤（红斑）影响上表皮，表现为发红、肿胀、疼痛。几天之内就可痊愈，并且没有后遗症。

烧伤如果小于体表面积的50%，就被视为轻度的一度烧伤；如果到达75%，则是中度，但如果超过这个数值就是重度。

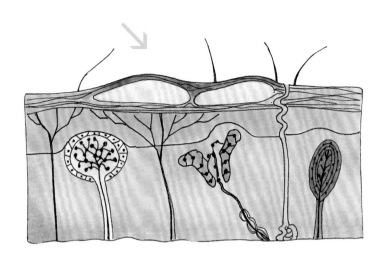

二度烧伤出现红肿，皮肤上形成液体小泡，被称为"水泡"：在这种情况下，功能恢复较慢，最好咨询医生。绝对不要刺破水泡：表皮——皮肤表层，即使肿起来也仍然是预防感染的极佳保护。

体表面积受损为 15% 的二度烧伤是轻度，达到 20% 的为中度，25% 以上的是重度。

三度烧伤（碳化）最严重，因为已经影响所有皮肤层——表皮层和真皮层，并破坏细胞。伤口愈合非常缓慢，还会留下疤痕：往往需要用身体其他部位的皮肤进行植皮手术，这可是真正的移植。三度烧伤比其他程度痛苦少，因为神经末梢和受伤组织全都遭到破坏。

三度烧伤只有体表面积的 2% 时为轻度，小于 10% 为中度，受伤面积超过此数值为重度。

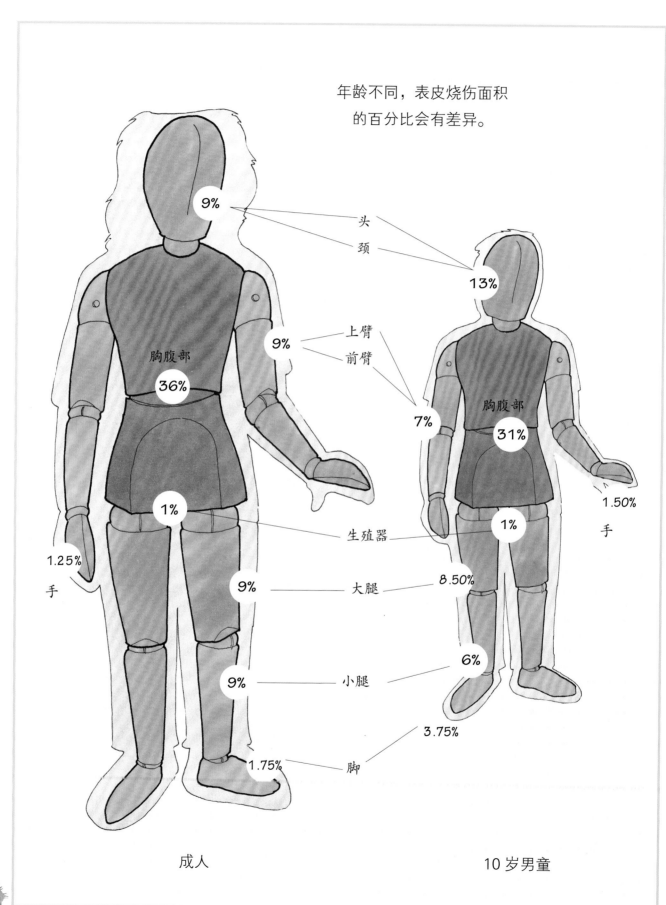

年龄不同，表皮烧伤面积
的百分比会有差异。

9% 头
颈 13%

上臂
9% 前臂
7%

胸腹部
36%

胸腹部
31%

1% 生殖器 1%

1.25%
手

1.50%
手

9% 大腿 8.50%

9% 小腿 6%

3.75%

1.75% 脚

成人

10 岁男童

明火（火柴、香烟、打火机、火炉）、鞭炮、烧红的金属（烤架和烤箱的加热元件、电热板、锅碗瓢盆），还有刚熄灭的灯泡、热的液体（水、咖啡、油）和水蒸气，在家里这些东西常常造成烧伤。用手在地毯上爬，用脚停自行车（如果鞋底烧破后还不立即停止……）或徒手握住绳子下滑，也能造成摩擦烧伤。

小面积烧伤时（轻度的一度和二度烧伤）可以用干净的冷水，最好用流动的干净冷水冲洗伤口至少 30 分钟。这样可阻止热量造成进一步的伤害并减轻疼痛。

用消毒剂清洗后，可以粘贴氧化锌或涂抹抗生素软膏并系上防护绷带。

三度烧伤可用流动的干净冷水冲洗并用绷带保护，无须涂抹任何东西，应尽快寻求医生救助。

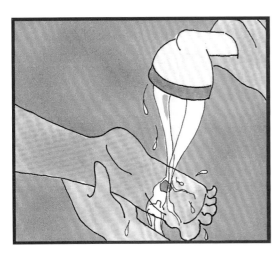

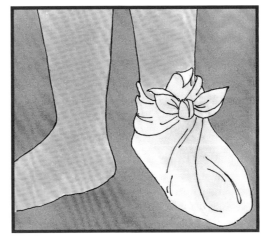

请勿挤压或刺破水泡：这样会增加感染的概率。

请勿使用胶布。

请勿用油或酒精涂抹：它们不能中和热量，也不利于散发热量。

触电烧伤

触电烧伤都非常严重，它不仅损伤皮肤，还会损伤皮下组织（肌肉、韧带）。人们通常因为直接与电流的接触而被烧伤，雷击也会造成这种伤害，但比较少见。

烧伤只是触电后微不足道的小症状，更吓人的是晕倒：心脏和循环系统停止——触电使人昏迷。

① 如果配电箱没有跳闸或根本没有配电箱，关闭主电源开关以切断电流。这时不要触碰受害者：人是导体，而你有可能触电。

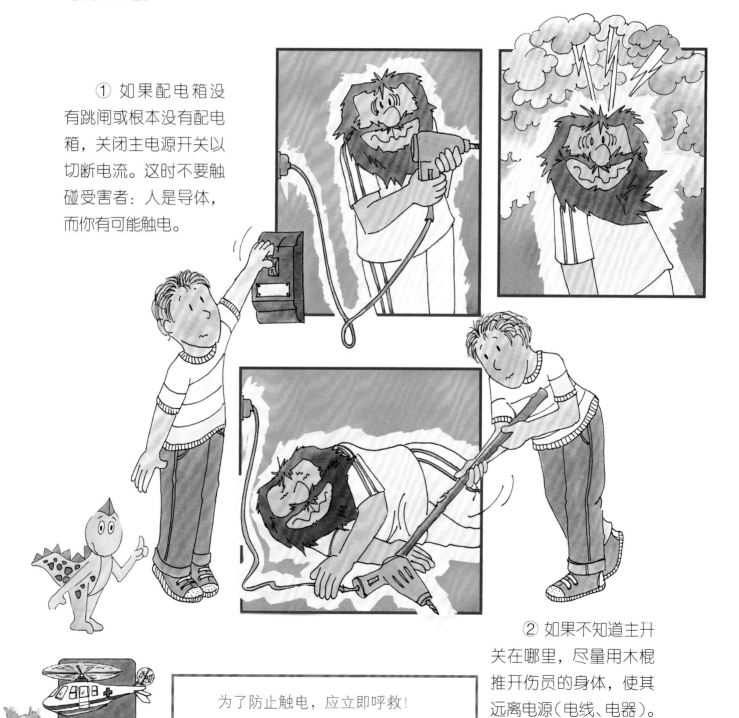

② 如果不知道主开关在哪里，尽量用木棍推开伤员的身体，使其远离电源（电线、电器）。木头不导电。

为了防止触电，应立即呼救！

③ 对伤员实施心肺复苏术，进行人工呼吸和心脏按压。

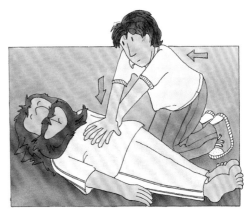

太阳晒伤

太阳发出的光线并不相同，有些属不可见光。那些能晒黑皮肤的光线（紫外线）有时可能非常危险。

过度暴露在阳光下导致的烧伤，称为晒伤：皮肤变红、疼痛，几小时后起水泡并脱皮。这在很大程度上取决于暴露的时间。上午10点前以及下午5点后，可以放心晒太阳，无须涂抹任何特制面霜：一天中的这段时间，大气能阻止多数有害射线，只允许比较温和的紫外线进入。

① 万一发生太阳晒伤，请将人带至树荫下。

② 用海绵蘸冷水为皮肤降温。

③ 让受伤者小口地喝未冻的冷水。

④ 如果出现大水泡，立刻给医生打电话。

化学烧伤

硫酸、硝酸、盐酸和烧碱也会造成烧伤，通常为一度和二度；正如我们已经讲过的，其严重程度取决于损伤范围，其治疗方法不同于物理烧伤。请记住，像水和热油一样的腐蚀性物质可以渗透衣服，应该尽快将其脱下，动作需小心。

对于这种烧伤，位置尤为重要：如果是在脸上、眼睛或嘴部，几乎都被视为重度烧伤。

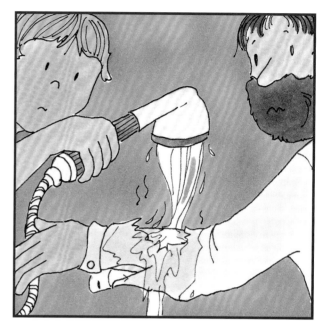

嘴唇和口腔烧伤

① 如果伤员有知觉，可以活动，请让他小口地喝冷水。

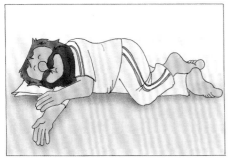

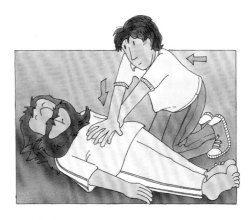

② 如果伤员不省人事但能独立呼吸，将其调整为安全体位并呼叫救助。

③ 如果情况严重，应实施心肺复苏术。

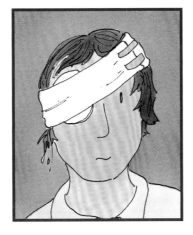

眼部烧伤

① 尽快清洗眼睛，使其眼睛睁大，用生理盐水冲洗脸部或浸入盛满水的盆里并使其眨眼。

② 检查眼皮是否冲洗干净。

③ 如果有条件，用纱布或医用海绵保护眼睛使其保持静止，不要按压。

④ 寻求医生援助。

眼睛是个精细的器官，在强光的刺激下，也会感觉疼痛，比如喷灯发出的紫外线，海水或雪的光滑表面所反射的耀眼的太阳光，或者集中于一小点的光，就像镜头或望远镜透出的光。

由于这些原因，焊工用头盔和面具遮挡强光，滑雪者和登山者用黑色滤光镜保护自己。千万不要把望远镜对准太阳！

如果发生此类意外，先用冷水湿润眼睛，再用医用海绵或纱布加以保护，呼救或前往最近的医院就诊。

受热中暑

　　有时天气很热，环境里含有较高水分，身体无法适当调节体温从而造成体温过高。这种危险不仅易发于海上或旷野中，那些在烤箱、高炉和熨烫设施等热源附近工作的人，或是在大太阳下因堵车而排队数小时的人也容易中暑。

　　老年人最危险，特别是夏天，城市里有些公寓变得像孵化器一样热。

　　清晨的闹铃可能会使人感到强烈的口渴、头晕、头痛、面赤、烦躁不安，呼吸次数增加，并伴有心率加快，这都是呼吸窘迫症的征兆。此时会感觉皮肤非常干燥。

中暑也会表现出类似症状：头痛、恶心、呕吐、脸因充血而发红。

将中暑的人带到通风良好的地方，脱掉衣服，解开鞋带、腰带，用湿毛巾包裹身体。

让他喝水，并把冰袋或被冷水浸湿的布放在头上、颈部和胸部。如果可以的话，准备凉水洗澡。控制好体温，然后呼叫医生。

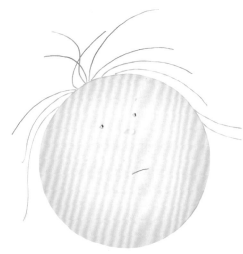

同时，请记住，如果要在阳光下直接暴露很长时间，最好还是戴一顶帽子。

骑自行车和跑步时最好也记住这些，尤其是秃顶的人！

去山上呼吸一会儿新鲜空气吧！如果城市里的温度变得难以忍受，这可是一个好办法，但要小心！

冻伤

山里的天气变化极快，几分钟前还是阳光灿烂，现在突然就开始下雨。夜晚寒冷——特别冷！如果迷路了，天又黑了，应尽快找一个洞穴或可供躲避的地方……曾有这样一个故事：就在去年，有位游客从阿尔卑斯山的小屋出发，走了非常远的路。除了他错误地独自一人前进之外，风暴将他困在远离小屋的地方，天气越来越寒冷，他几乎耗尽所有力气。幸运的是，他被守山老人发现，老人知道该怎么救他……

老人把他安置在山上的温暖小屋里，冷静地脱掉他的湿衣服，给他盖上舒适的羊毛毯。

老人没有给他喝酒（比如葡萄酒、白兰地）：他知道这些会引起血管扩张，加速身体散热；相反，他准备了加糖的热饮料（洋甘菊）。

嗯，守山老人应该得到一枚奖章。

有时情况更糟，极度低温使血液无法足量地到达手脚或其他暴露在外的身体部位，于是造成缺氧和组织受损。

① 程度较轻时，用温暖的双手或呼吸足以让受冻部位变热。

如果不治疗，冻伤会越来越严重，应立即将伤员带到温暖的环境里。脚刚解冻后如在雪地里走路，情况将恶化。

② 到达避寒场所后，将受伤部位浸泡在 40℃的水中 20~30 分钟：容器必须足够大，这样活动才能不受限制。

③ 轻轻擦干，如果脚或手被冻伤，应在手指或脚趾间垫上棉花。

不要用吹风机吹干：受伤的地方感觉不灵敏，无法判断热风的温度，所以可能造成烧伤。

④ 迅速呼救。如果等待时间较长，可以重复浸泡两三次。

溺水

呃……

感觉怎么样，小皮？你不喜欢在海滩度假吗？

当然，去海边总会有溺水的危险……可是，海滩上这么多人，还有救生员保证安全。但我知道你更喜欢去山上，那里也有美丽的湖、清澈的水……你还可以钓鱼！就像那位戴羽毛登山帽的先生——他在高高低低的巨石间冒险，努力保持平衡。想一想吧，小皮，如果他掉进水里，又不会游泳：这儿没有救生员，你知道该怎么办吗？

首先确定是不是还有人能来帮忙，两个人合作更好一些！

① 如果可以接近落水者而不会被其拽下去，找一个合适的落脚点牢牢稳住，递出棍子或毛巾，避免被其直接抓住：绝望的人会因求生的意念把你也拉下水！

147

② 如果落水者远离岸边，即使会游泳，也应尽量驾驶独木舟、木筏或小艇靠近；靠近后，抓住他，尽量使其头部保持在水面以上，直到把他拉上船或得到其他人的帮助。

 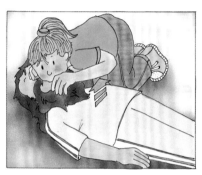 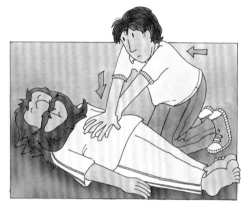

③ 一旦救起，必要时立即开展复苏术和紧急医疗措施。

像海滩救生员这类的游泳高手会跳进水里，游到落水者旁边，用身体托住落水者并带其游回岸边，但这项工作困难而危险，必须由专业人士完成。

嗯，幸运的是，你还没碰到过这种倒霉事，所以待在渔夫身边，抓几条大鱼，或者模仿他的动作……瞧！哎呀……

别灰心，小皮！鱼钩不小心扎在身上，这种事常碰到，别试着拔出来！

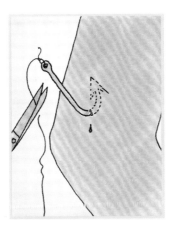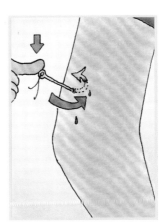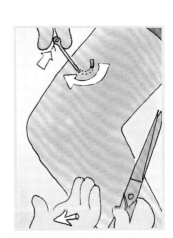

① 割断鱼线，轻轻压住剩余部分，使其顺着鱼钩的弧度露出尖端。

② 用刀或剪刀去掉锋利的鱼钩尖。

③ 现在可以取掉鱼钩剩余的部分。

④ 清洗伤口并消毒，用绷带或纱布保护伤口，然后咨询医生或者送伤员去急诊室。

不要害怕

如果你从来没遇到过突发疾病或意外事故，你想知道他们送你去医院要做什么吗？

到急诊室后，医生会评估伤势，然后进行各种检查，采取必要措施，当天就能让你回家，当然这取决于你发生了什么事故。

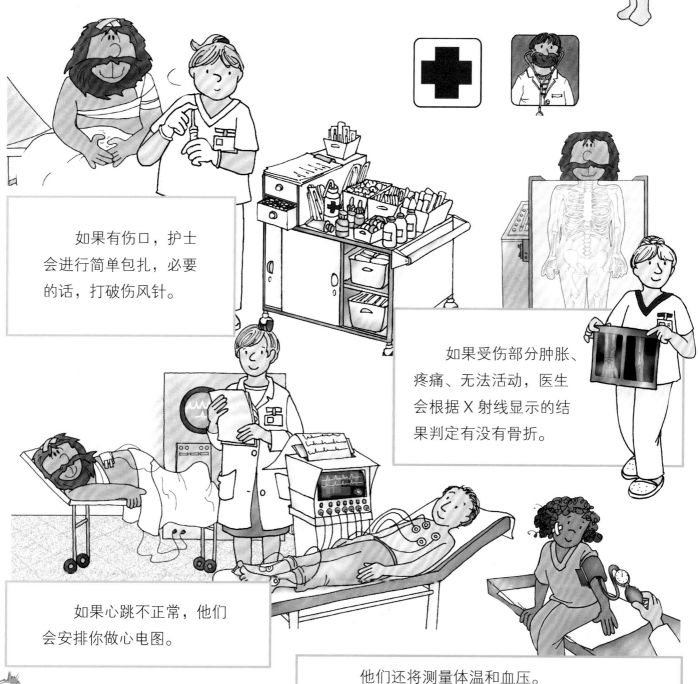

如果有伤口，护士会进行简单包扎，必要的话，打破伤风针。

如果受伤部分肿胀、疼痛、无法活动，医生会根据 X 射线显示的结果判定有没有骨折。

如果心跳不正常，他们会安排你做心电图。

他们还将测量体温和血压。

如果他们不能立刻确定什么地方出了问题，需要做特定的检查，也许时间会稍长一些，过程也较为复杂，你要在医院多住几天。嗯，如果遇到这种情况，不要害怕：医生和护士会照顾好你，采取各种措施让你感觉舒服，即便待在这个陌生的地方也像在家一样，因为你有权利让自己待在安静舒适的地方，得到最好的照顾。

在医院享有的权利

① 享受健康的权利

从在妈妈肚子里开始，你就有权享受健康！如果生病了，无论在家里还是面对医生，你都会得到最好的照顾。如果因意外事故而住院，或是得了重病，或是检查健康状况，或是做个小手术，为了让你在天黑之前赶回家，医生会做好一切工作。只有在非常特殊的情况下，你才不得不在医院住上一段时间。

② 在医院接受护理、关注和拥抱的权利

医院里医生和护士不只是打针用药，他们还要照顾你。家人也会一直在你身边。陪在你身边，除了让你安心，他们也感觉更放心！

③ 在专业科室部门得到专为你安排的最佳看护的权利

　　你会与其他孩子在一起，大家或多或少都和你一样会有一些需求，医院里有专为你们开设的科室——儿科。没有医生为你做检查时，如果病情不是很严重，你也可以做游戏，享受快乐，看电影，看书或聊天，甚至学习、做功课，尽管这肯定不是你在医院这些天最想做的事！特别是如果你要在医院待很长时间，还会有一些老师来帮助你，因为即便你没有和小伙伴们一起上学，你也和他们享有同样的权利。

④ 受到尊重的权利：在医院，他们会称呼你的名字

　　你不会失去自己的身份，不必因为住院而放弃自己的习惯。即使和很多孩子在一起，你永远可以保持自我，不去效仿他人也绝不会被逼认错！他们会叫你的名字。如果有什么使你感到不舒服，请说出来，如果你愿意还可以祈祷。如果心情不好就哭一场，他们会理解你。没有人会四处议论你或者你的病情。

⑤ 拥有私人空间的权利

　　你可以带上最喜欢的游戏、书、雕像集、电子游戏！如果不想整天穿睡衣坐着，也可以穿运动服或者其他衣服。医院有柜子可供使用，你能把所有东西都放进去。未经许可没人能窥探你的东西！

　　而同样，你需要保证自己的东西井井有条，休息时，不打扰别的孩子，你也要尊重别人和保护好他们的东西。

⑥ 亲近父母和心爱的人的权利

　　妈妈和爸爸，或者你喜欢的任何人都可以在一天中的任何时间留下来陪你，甚至当医生前来问诊或是你去做某些检查时也不例外；晚上还有床或者至少是舒适的椅子供陪你的人使用。

　　大家都会来看你：兄弟姐妹、朋友、爷爷奶奶、叔叔伯伯、老师和同学……也许不是大家一起来。如果因为某些原因你不得不被隔离，无论如何他们都会来，哪怕一次见一个人。你只能通过玻璃来看他们，这是为了避免感染病毒，使你处于危险之中，同时也怕你传染他们。

⑦ 了解病情的权利

你可以询问医生自己的情况、进行的治疗以及其他不清楚的地方，医生和护士会用你能理解的语言解释所有问题。如果你是外国人不懂意大利语，医院必须提供翻译或文化协调员，向医生转述你的问题，并把答案翻译成你能懂的语言。

⑧ 针对护理提出意见的权利

你有权表达任何相关意见，甚至是针对他们护理的方式，你的话将会被认真对待。你可以说不喜欢牙套，栓剂让你肚子痛，药棉块太大咬不住，想调整什么……他们都会非常细致，努力使你满意!

⑨ 如果他们提出新的治疗方案，你有决定是否接受的权利

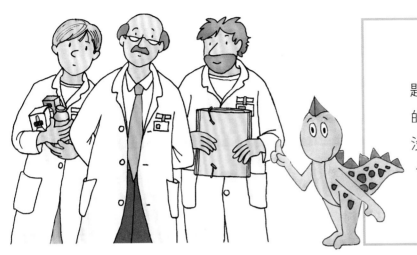

如果正在做的治疗不能解决问题，医生可以建议你和家人尝试新的方案。你可以决定是否接受，在没有告知并征得你的同意之前，他们不能做出任何调整。

⑩ 抱怨和抗议的权利

如果感到痛苦害怕，你可以哭喊，这是尽量少承受痛苦的权利。刚开始感到有点疼时，先告诉护士，他们有很多被称为止痛药的药物能让你感觉不到疼痛，一旦药效过去，大多数时候会更可怕。

医生会想尽一切办法在做检查或治疗时不给你带来痛苦，但如果真的无法避免，他们有麻醉剂，这类药物可以使受伤部位失去知觉，或者干脆让你睡觉，直到他们完成治疗，你都不会有任何感觉！

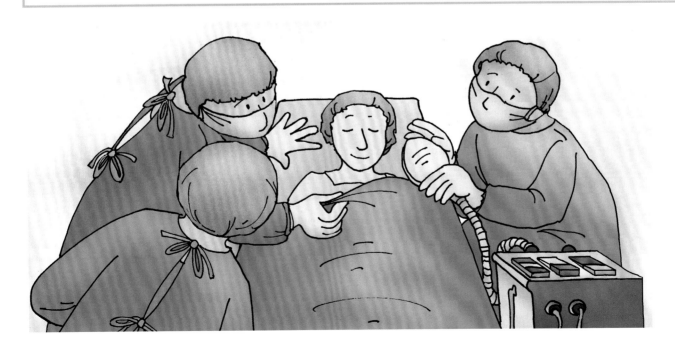

⑪ 医院必须是保证你安全的地方

因为身体不好，需要特殊护理，你才住进医院，没人有权利去虐待或伤害你。害怕时，医生、护士等医院全体工作人员会尽量让你放心；哭泣时，他们会安慰你；沮丧时，给你鼓励，因为平静的好心情有助于你更快康复！

⑫ 了解病情以便在家里自我治疗的权利

你有权知道疾病的每个细节，学习怎样识别症状，以及必要时在家中独自或在家人的帮助下如何继续照顾自己。

⑬ 和医生面对面交流的权利

如果你愿意，可以私下与医生交谈：询问如何应对不舒服的情况，倾诉自己的个人问题。医生会给出所有答案和建议，赶走你的疑虑恐惧。这一切将成为你们之间的秘密：如果你不想说，就连爸爸妈妈都不会知道。

⑭ 针对医院改进提出意见的权利

谁比你更有权提出如何改善儿童住院条件的意见呢？回家之前，说一说你对护理医生的看法，给你抽血的护士怎么样，食物好吃吗？墙上挂几幅画或者卫生间干净一些，病房是不是变得更令人愉悦？你的权利（既然你都清楚了！）都受到尊重了吗？……你的批评和建议将受到医院的高度重视，也许那些在你病好后睡同一张床的人会因此而感觉更好，没准儿你再来医院时也能体会到！

总结一下

破伤风、冻伤、车祸、急诊室、医院……啊，你说呢，小皮，我们该不该度假呀？也许该远远地跑到某个阳光明媚的热带国家。未开发的大自然、开阔的旷野，安详宁静……事实上，只需坐几小时飞机就能抵达世界上的另一个角落！

千万小心，在热带国家，危险无处不在。这里有各种植物和有毒的爬行动物、传播疾病的昆虫，比如采采蝇能引起昏睡病，蚊子携带着造成疟疾和黄热病的细菌。在许多热带国家，一年四季都是疾病传播的好时节。

此外，在这些洋溢着异国情调的地方，因为天气非常热，很难储存食物，水也常被污染，容易引发腹泻、呕吐、腹痛和发烧，这些常见症状会让游客无法专心游览。

出发时一定要了解这些情况并接种疫苗！

黄热病疫苗可以免疫 10 年。只能在高等医学研究所或设备齐全的热带病护理中心接种。

目前还没有预防疟疾的疫苗。但出国前、在外期间以及回国后可以使用药物预防。

有些国家的法律规定重大疾病应强制免疫，而有些国家只是建议公民接种疫苗。

如果决定去异国旅行，请务必就相关情况咨询医生。

只喝瓶装饮用水，并用其刷牙、清洗水果或蔬菜。缺少安全饮用水时，最好将其煮沸。

不饮用溪水、河水或泉水。

不在饮料里加冰块：它可能是用受污染的水制成，加了它，纯净水也会被污染。

蚊子通常在日落前后叮人，如果身处户外，请涂抹驱蚊剂。

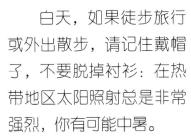

白天，如果徒步旅行或外出散步，请记住戴帽子，不要脱掉衬衫：在热带地区太阳照射总是非常强烈，你有可能中暑。

如果想要休息，请勿坐在岩石或多石的地面上，蛇和蝎子最喜欢躲藏在这里！穿上合适的鞋，千万小心落脚的地方……

最终结论

最后请注意以下事项。在本书中，除了介绍在家中可能遇到的各种事故并给出一些规避的好建议，我们还想教会你如何在突发事故或意外等特殊情况下运用那些知识。

无论结局好坏，提供救助的人都要为自己的行为负责：因此，最好多练习几次，直到能自然而然并且安全地采取这些措施。了解基本的急救方法是件好事，比如学会口对口人工呼吸或心肺复苏术，但更重要的是在真正的紧急情况下知道应该做什么：可以在成人的帮助下不断练习各种动作、操作，再现事故情境，因为他们知道底线在哪里，而不至于伤害到他人。没有必要为了学习如何绑绷带而把同学捆成木乃伊，甚至为了表演心脏按压术而压断朋友的肋骨。

这肯定和练习武术有点相似：学习动作及其细节和顺序，但拳头或剑道棒却不会打到同伴。虽然，你终会掌握丰富的知识，了解引发事故的原因和可能采取的救助措施，但不要假装自己已经成为急诊室的专家。

请记住利用常识做判断，只运用自己掌握好或者直接体验过的急救措施。

如果不确定该做什么，请保持冷静，打电话寻求帮助。弄清楚自己的极限就已经是非常了不起的进步。